KB009400

바닷길은 누가 안내하나요?

바닷길은 누가 안내하나요?

_등대와 등표 이야기

초판 1쇄 발행 2016년 12월 10일

지은이 오영민·조정현
펴낸이 이원중

펴낸곳 지성사 **출판등록일** 1993년 12월 9일 **등록번호** 제10-916호
주소 (03408) 서울시 은평구 진흥로1길 4(역촌동 42-13) 2층
전화 (02) 335-5494 **팩스** (02) 335-5496
홈페이지 지성사.한국 | www.jisungsa.co.kr **이메일** jisungsa@hanmail.net

ISBN 978-89-7889-325-1 (04400)
ISBN 978-89-7889-168-4 (세트)

이 도서의 국립중앙도서관 출판시도서목록(CIP)은 서지정보유통지원시스템
홈페이지(http://seoji.nl.go.kr)와 국가자료공동목록시스템(http:www.nl.go.kr/kolisnet)에서
이용하실 수 있습니다. (CIP제어번호:CIP2016027594)

바닷길은 누가 안내하나요?

등대와 등표 이야기

오영민
조정현 지음

지성사

■ 차례

바다에도 육지에서와 같이 신호등이 있다. 우리가 자동차를 타고 다니거나 걸어 다닐 때에는 신호등에 따라서 움직이는데 바다에서도 신호등에 따라서 배가 움직인다. 배를 운전하는 사람이 매우 드물고 바다에서는 걸어 다니는 사람도 없기 때문에 우리가 잘 모를 뿐이지 엄연히 존재하고 있다. 해양연구소에서 30년 이상을 근무하고 있는 필자도 10년 전만 해도 이에 대해서 잘 모르고 있었으니 일반인이 모르는 것은 당연하다.

바닷길을 알려주는 신호등으로 우리에게 익숙한 것은 등대이다. 높은 곳에 위치하여 밤에 빛을 밝혀주는 등대는 지금처럼 통신이 발달하지 않은 옛날에는 매우 소중한 항로 표지였다. 바다에는 보이지 않는 커다란 바위가 곳곳에 있어서 배가 무심코 지나치다 충돌해 사고가 난다. 이 바위를 암초라고 하는데 그 위에 등대와 같은 구조물을 설치하여 위험성을 알리고 있다.

암초 위에 설치된 등대를 등표라고 한다. 낮에는 바다 위에 기둥이 서 있으니까 배가 접근하지 않으며, 밤에는 빛을 비추어서 배의 접근을 막고 있다. 등표는 암초 위에 설치하기 때문에 공사가 매우 어려우며 세월이 지나면서 파도와 조류의 영향으로 기초가 부실해지는 경향이 있다. 우리가 살고 있는 집도 기초가 흔들리면 무너지듯이 등표도 기초가 흔들리면 넘어지는 사고가 발생한다. 이럴 경우 신호등이 사라지게 되어 배를 운전하기가 매우 위험하다.

필자는 바다에 설치한 등대에 관한 연구와 기초가 튼튼한 등표를 만드는 연구에 참여하면서 등표의 중요성을 알게 되었고, 이를 세상에 널리 알리고자 이 글을 쓰게 되었다. 이 책을 통하여 등표를 만들기 위해 수고하는 사람들과 등표가 잘 유지되도록 관리하는 사람들의 노고를 이해하고, 이러한 사람들이 모여서 우리 사회가 유지된다는 것을 알리고 싶다.

세상에는 길이 있다

길은 왜 만들어졌을까?

우리는 길을 의식하며 살지 않는다. 문 밖을 나서면 바로 어딘가로 향하는 길이 수없이 나 있기 때문에 길을 당연하게 여기기도 한다. 하지만 아마존 같은 정글이나 눈보라 치는 남극, 깊은 숲만 생각해봐도 길이 자연스레 생긴 것이 아님을 알 수 있다. 길은 사람들이 필요해서 만든 수단이다. 그렇다면 사람들은 왜 길을 만들었을까? 사람이 많이 다니지 않는 깊은 숲에 혼자 있다고 생각해보자. 어디에서 맹수가 튀어나올지 모를, 빛도 새나오지 않는 으스스한 밀림이라고 생각해도 좋다. 어떻게 그곳을 통과할 것인가? 가장 먼저 누군가 지나간 흔적이 없는지 살필 것이다. 누군가 지나간 흔적이야말로 안전하다는 증거가 되니까. 인적이 없는 무성한 수풀로 들어가는 사람은 많지 않다. 이렇듯 길이란 위험을 줄이고 목표 지점에 가장 빨리 닿기 위해 만들어졌다. 그리고 일단 만들어진 길은 수많은 사람이 이용함으로써 더 넓고 안전하게 정비된다.

사람들은 이동하기 편리하고 이동할 거리를 좁히기 위해 길을 만들었다. 산을 넘어가야 하는 경우에는 되도록 낮은 곳을 골랐다. 예를 들어 옛날에는 한양에서 북쪽으로 가려면 북한산이나 도봉산을 넘어야 했다. 비교적 높은 두 산 사이에는 낮은 골짜기가 있었는데 그 길이 지금의 우이령이다. 이처럼 자동차가 생기기 전까지 사람의 발길로 만든 오래된 길이 매우 많다. 우리나라에는 유명한 길마다 재미있는 이야기를 품고 있는데 대표적 예가 강원도 대관령 길이다. 신사임당이 어린 율곡의 손을 잡고 대관령을 지날 때의 일이다. 고개 한 굽이를 넘을 때마다 곶감을 하나씩 빼 먹었는데, 고개를 다 넘고 보니 곶감 한 접 100개 중에 딱 하나가 남았다고 한다. 그래서 옛사람들은 대관령을 아흔아홉 굽이 고갯길이라고 부르기도 했다.

[과거 보러 가는 선비들이 힘든 길을 선택한 이유]

경상도(영남)에 사는 선비가 한양으로 과거를 보러 가기 위해서는 백두대간을 넘어야 한다. 이 산줄기를 넘으려면 크게 세 가지 길이 있는데, 제일 북쪽 길이 죽령이고 그 아래가 문경새재이며 제일 남쪽 길이 추풍령이다. 그러면 과거 보러 가는 선비들은 어느 길을 이용했을까?

그 당시 부산에서 서울까지는 걸어서 대략 한 달이 걸렸다고 한다. 우리나라 지폐 천 원권에 나오는 퇴계 이황 선생이 세운 최초의 국가 공인 사립서원인 소수서원에서 공부한 선비들은 바로 옆에 있는 죽령을 이용했을 것이다. 그러나 죽령은 높고 험한 편이라 대구

나 부산에 사는 사람들은 넘기를 꺼려했다. 그래서 비교적 낮은 추풍령을 이용하는 편이 나았는데, 어쩐 일인지 과거를 보러 가는 선비들은 추풍령보다 훨씬 높고 험한 문경새재(새재는 한자로 풀면 조령鳥嶺으로, 새도 한 번에 넘지 못하고 쉬어갈 정도라고 해서 붙은 이름이다)를 이용했다고 한다.

그렇다면 선비들이 이렇게 험한 길을 택한 이유는 무엇일까? 다름 아닌 이름 때문이다. 선비들은 추풍령에서 추풍낙엽을 떠올렸고, 죽령을 지나면 죽죽 미끄러진다고 생각했다. 반면, 문경(聞慶)을 지나면 좋은 소식을 듣는다고 믿었기 때문에 굳이 험난한 문경새재를 넘어 한양으로 향했다.

사람이 다닐 수 없는 길도 있다

길에는 사람이 다니는 인도뿐 아니라 자동차가 다닐 수 있는 차도도 있다. 차도는 말 그대로 자동차가 빠르고 안전하게 목적지에 닿을 수 있도록 만든 길이다. 많은 이들이 자동차로 비포장도로를 달릴 때 불편함을 느낀다. 비포장도로란 아스팔트를 깔지 않은 길로, 바닥이 고르지 않아 타는 사람은 앉아 있기가 불편하고 자동차 바퀴는 불필요한 마찰력 때문에 속도를 낼 수 없다. 반면, 자동차 도로는 자동차가 최대한 빠르고 안전하게 달릴 수 있도록 아스팔트로 표면을 매끄럽게 포장하고 선을 그어 질서를 유지한다. 모두 더욱 빨리 목적지에 닿고자 하는 사람들의 욕망으로 생긴 길이다.

사람이 다니는 길 외의 길이 자동차 도로가 처음은 아니다. 로마제국 건설로 유명한 로마는 "모든 길은 로마로 통한다"라는 속담이 있을 정도로 도로가 유명하다. 로마는 세계 최초로 전차가 다니는 길을 만들었는데, 전차가 잘 달릴 수 있도록 돌로 바닥을 고르고 화산재로 포장을 하는 등 현재의 자동차 도로에 견주어도 뒤지지 않는 길을 만들었다. 바로 이 길 덕분에 로마는 군대를 재빨리 움직일 수 있었고, 식민지에서 생산한 물건을 쉽게 옮길 수 있었다.

전쟁을 겪은 우리나라도 경제성장을 위해 서둘러 한 일 중 하나가 도로 건설이었다. 서울에서 부산까지 트럭이 달릴 수 있는 길이 나면서 많은 물자를 빠르게 나를 수 있었고, 이를 통해 전국에 물품을 골고루 전달할 수 있었다. 이처럼 길은 사람들의 생활을 바꾸는 역할을 하기도 한다.

로마 시대부터 현재까지 사람들은 빠르고 편리하게 이동할 수 있다면 어떤 곳도 가리지 않고 길을 만들었다. 높은 산에 터널을 뚫고, 강이 있다면 다리를 놓기도 했다. 예전에는 서울에서 강릉까지 5시간 정도가 걸렸다. 산지가 대부분인 강원도는 산을 둘러싼 도로가 많았기 때문에 차도 그 길을 굽이굽이 돌아가야 했다. 하지만 현재는 5시간의 절반 정도밖에 걸리지 않는데, 이는 산에 터널을 뚫어 곡선으로 이어진 길을 직선으로 이은 덕분이다.

빨리 가기 위해 사람들은 강이나 바다를 건너는 것도 마다하지 않았다. 예전에는 부산에서 거제도를 가려면 꼭 배를 타야 했지만, 현재는 거가대교가 생겨 자동차로 달릴 수 있다. 파도가 몰아치는 바다에 다리를 세우고 흙과 암석으로 된 산을 뚫는 일은 쉬운 일이 아니다. 하지만 목적지에 빠르고 안전하게 닿고자 하는 욕망으로 기술 발전을 이루었다.

[국내 최초로 침매터널을 사용한 거가대교]

부산에서 거제도로 가는 길은 두 가지가 있다. 하나는 육지로 가는 방법이고 다른 하나는 바다를 이용하는 방법이다. 지도를 보면 알겠지만 육지로 가기 위해서는 창원, 고성, 통영 등을 거쳐야 하는데 대략 자동차로 2시간 정도 걸리는 먼 길이다. 반면, 바다를 이용하는 길은 배에 자동차를 싣고 가는 카페리(car ferry)가 다니기 때문에 시간을 절약할 수 있고 여행도 편리하지만 배 시간에 맞추어야 하고 날씨가 나쁘면 배가 출항하지 못하기 때문에 불편한 점이 있

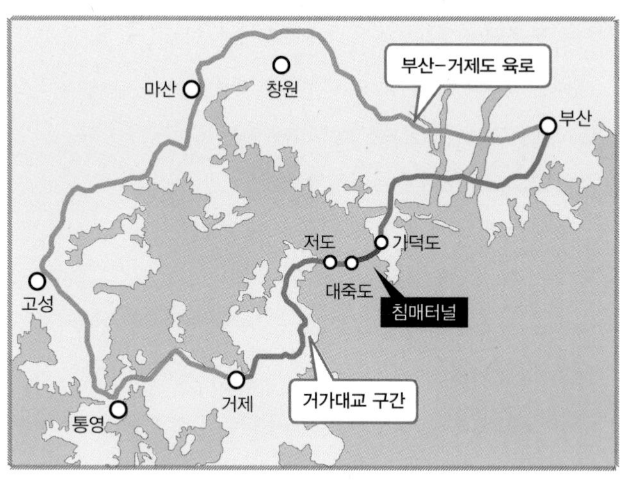

부산-거제도 육로와 거가대교 이용 구간

다. 이러한 불편함을 해결하기 위해 거제도와 부산의 가덕도를 연결하는 다리를 놓았다.

거가대교라는 이름은 두 지역의 앞 글자를 따서 정했다. 공사가 2004년에 시작해 2010년에 끝났으니 6년간에 걸쳐서 이루어진 대역사였다. 거가대교는 일부 구간이 침매터널로 되어 있다. '침매'는 한자로 잠길 '침(沈)' 자와 묻을 '매(埋)' 자를 쓴다. 즉 침매터널이란 터널을 물속에 가라앉혀 묻는다는 뜻이다. 바닷속에 설치하는 터널은 보통 해저터널이라고 하는데 땅을 파서 땅속에 터널을 만드는 반면, 침매터널은 땅을 파지 않고 육지에서 미리 만들어놓은 터널 모양의 콘크리트 상자를 해저에 놓는다.

거가대교는 총 길이가 8.2킬로미터이고 이 중 절반 정도가 침매터널이다. 이 지역에는 진해 해군기지가 있어서 군함이나 잠수함의 왕래가 많은 곳이라 교량이 있으면 충돌 위험이 높기 때문에 일부 구간을 침매터널로 설계했다. 일반 교량보다 공사비가 많이 들고 이후 유지와 관리도 어렵지만 선박의 안전 운항을 위해 부득이하게 침매터널을 설치했다.

길은 어디에나 있다

그런데 길은 육지에만 있을까? 고전소설 「심청전」에는 황해도 부근으로 추정되는 인당수에 처녀를 빠뜨리면 풍랑이 생기지 않아 배가 안전하게 다닐 수 있다는 이야기가 나온다. 인당수의 위치는 백령도 부근으로 알려져 있다. 백령도는 북한 땅 황해도와 매우 가까운데, 북방한계선(NLL)을 사이에 두고 북한과 대치하는 곳이기도 하다.

우리나라 서해안은 밀물과 썰물의 차이가 매우 커서 물살이 빠르다. 지금처럼 엔진으로 가는 배도 물살이 아주 빠를 때는 조종이 잘 안 되는 경우가 있는데, 노를 저어가는 배는 말할 것도 없다. 육지가 가깝고 섬이 많아 곳곳에 바위가 있기 때문에 조종이 마음대로 안 되면 배가 어딘가에 부딪힐 위험성이 매우 높다. 하지만 백령도 부근은 당시에 중국과 무역을 하기 위해 반드시 지나야 하는 곳이었던 탓에 처녀를 제물로 바치면 무사히 지날 수 있다는 미신이 생긴 것으로 생각된다. 소설에 따르면, 심청은 공양미 300석에 몸을 팔았다. 쌀 1석이 대략 150킬로그램 정도이고, 쌀 20킬로그램 한 포대를 5만 원으로 계산해보면 이는 대략 1억 원에 해당하는 무척 큰돈이다.

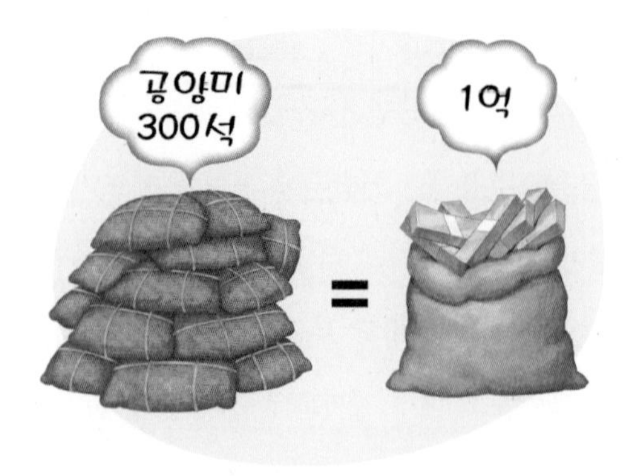

이처럼 사람들은 물자를 옮기거나 여행을 하기 위해 배를 타기도 한다. 하지만 바다는 육지처럼 사람이 지나간 흔적이 남지 않는다. 육지의 길처럼 건물이나 표시가 따로 있지 않아 안전한 길로 정확하게 가기도 매우 어렵다. 하물며 바다를 아스팔트로 포장할 수 있는 것도 아니다. 그렇지만 바다에도 길이 있다. 육지와 달리 길이 확실하게 정해져 있는 것은 아니지만, 배를 타고 다니면서 경험으로 알게 된 안전하고 빠른 길이 있다.

바다에도 길이 있다

인류 최초로 태평양을 횡단한 사람들

'대항해시대' 또는 '신대륙 발견'이라고 하면 누가 생각나는가? 아마 많은 사람들이 크리스토퍼 콜럼버스를 떠올릴 것이다. 역사에 더 관심이 있는 사람이라면 1492년이라는 해도 기억할 것이다. 콜럼버스가 신대륙(현재의 아메리카 대륙)을 발견한 해가 바로 1492년이기 때문이다. 역사학자들은 이 시기를 전후로 대항해시대가 열렸다고 표현하기도 한다. 유럽인들이 몰랐던 전혀 새로운 땅을 발견해 식민지로 삼고 막대한 부를 쌓게 된 계기가 바로 이때이다. 콜럼버스 외에도 바스코 다 가마, 마젤란, 아메리고 베스푸치 등 용감한 탐험가들이 이 시기에 아직 검증되지 않은 바닷길을 여행했다. 사람들은 새로운 대륙 발견이 이들의 가장 큰 업적이라고 생각한다. 하지만 그보다 더 중요한 것은 이들이 항해에 성공함으로써 바닷길이 안전하다는 것을 입증했다는 점이다.

15세기 유럽 사람들은 지구가 둥글다고 생각하지 않았다. 그래서 수평선 너머 먼 바다로 나가는 것을 두려워했다. 먼 바다로 항해하다가 지구 끝에 다다라 폭포처럼 쏟아지는 바닷물에 휩쓸려 죽거나 지옥에 떨어진다고 믿었기 때문이다. 하지만 탐험가들이 엄청나게 큰 바다를 항해하고 안전하게 돌아오면서 바다에 안전한 길이 있음을 증명했다. 이후 여러 나라의 왕과 상인들은 이제 안전해진 바닷길을 통해 더 많은 이득을 얻으려고 항해를 시작했다.

그런데 이들보다 1500년도 훨씬 전에 더 먼 길을 항해한 사람들이 있었다. 알다시피 유럽 사람들이 말한 신대륙은 아무도 살지 않은 땅이 아니었다. 신대륙에는 유럽인이 그 땅에 오기 훨씬 이전에 원주민이라 불린 사람들이 정착해 살고 있었다.

역사 기록이 거의 없기 때문에 잘 알려져 있지는 않지만, 태평양 폴리네시아 사람들이나 북유럽 바이킹족은 15세기 유럽 사람들보다 훨씬 이전에 신대륙을 발견했고 그곳에 문명을 남기기도 했다.

고대에 바닷길을 가장 많이 개척한 사람들은 폴리네시아인들이다. 그들은 기원전 1200년에 이미 아시아의 인도네시아 섬은 물론, 오스트레일리아와 뉴기니 섬에 이르는 길을 찾아내 그들의 땅으로 만들었다. 뉴기니에 정착한 사람들 중 일부는 동쪽으로 더 이동해 드넓은 태평양 뉴기니에서 거의 1600킬로미터나 떨어진 피지, 사모아, 통가까지 항해했다. 폴리네시아 사람들의 항해는 거기서 멈추지 않았다. 1200년경에는 여태까지 왔던 거리의 두 배에 이르는 3200킬로미터나 떨어진 뉴질랜드까지 발견해 태평양 전체를 폴리네시아 땅으로 만들었다. 그로부터 몇백 년 후, 유럽 사람들이 다시 이 섬들을 발견할 때까지, 폴리네시아 사람들은 글자도 나침반도 금속 연장도 없는 문명 속에서 살았다.

지도를 펼쳐보면 알겠지만, 폴리네시아라고 부르는 태평양 섬들은 드넓은 바다에 드문드문 점처럼 펼쳐져 있어 작은 카누를 타고 망망대해를 건널 수 있을 것이라고 짐작하기 힘들다. 하지만 육지에서 경험 많고 용감한 사람들이 세심한 관찰력과 경험으로 길을 만들었듯이, 폴리네시아 사람들도 그

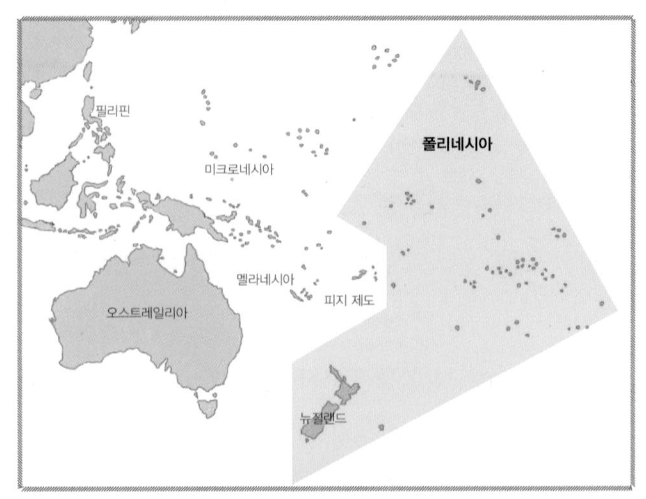

남태평양에 흩어져 있는 수많은 섬들

렇게 바다에 길을 낸 것이 분명하다. 경험 많은 폴리네시아 뱃사람들은 바람과 해류의 변화를 이용해 항해해도 좋을 때와 안전한 길을 알았을 테고, 먹이를 찾아다니는 바닷새를 보면서 어디에 육지가 있는지 알았을 것이다. 무엇보다 그들은 훌륭한 배, 카누를 만드는 기술이 있었고 용감했다. 그리하여 폴리네시아 사람들은 유럽인들이 대항해시대를 열기 훨씬 이전에 이미 태평양을 정복했다.

콜럼버스보다 500년 먼저 미국을 발견한 유럽인

바다를 이용해 여행을 떠난 사람들의 이야기는 전 세계에 전설과 신화로 전해지고 있다. 유명한 그리스 신화「오디세우스의 모험」은 지중해를 항해한 모험담으로, 실제로 그리스 사람들은 오래 전부터 지중해를 탐험한 해양민족이기도 하다.

최초로 미국을 발견한 유럽 민족도 있다. 바로 바이킹족이다. 바이킹족은 덴마크, 노르웨이, 스웨덴 등 북유럽에 살던 민족으로, 원래는 농경민족이었지만 북극에 가까운 땅이 농사를 짓기에 매우 척박해 흉년이 되면 다른 민족을 약탈하는 과정에서 미국 땅을 발견했지만 정착하지는 못했다.

폴리네시아 사람들처럼 바이킹족도 훌륭한 배를 만들 수 있는 민족이었다. 그들은 '롱십(long ship)'이라는 배에 용사와 말을 싣고 이웃 나라를 침략했다. 8~10세기까지 영국과 프랑스 등 유럽 사람들에게 바이킹족은 공포의 대명사였다. 일부 바이킹족은 이웃 나라에 정착해 새로운 나라를 세우거나 점령하기도 했다. 바이킹족은 족장 중심 사회로 족장의 권한이 강력했고, 족장들끼리 전쟁을 일으키기도 했다. 전쟁에서 진 족장은 죽거나 망망대해로 추방당할 수밖에 없었는데, 유명한 '붉은 털 에리크'도 족장 간 전쟁에서 패해 쫓겨난 바이킹이다.

살인죄를 저지른 에리크는 사형을 당할 것인가 바다로 추방당할 것인가 중에 하나를 선택해야 했다. 그 때문에 에리크는 가족을 이끌고 배에 몸을 실어야 했다. 붉은 털 에리크는 춥고 넓은 바다에서 생명의 위협을 느끼며 항해한 끝에 새로운 땅을 발견했는데 그 땅이 바로 그린란드다. 훌륭한 땅을 찾았다고 생각한 에리크는 3년 만에 아이슬란드로 돌아가 멋진 신세계를 선전하여 수많은 추종자를 이끌고 다시 그린란드로 돌아왔다. 하지만 원래 그곳에 살고 있던 이누이트족과 달리 이들은 그린란드에 잘 적응하지 못했고, 결국 또 다시 새로운 세계를 찾아 떠나야 했다. 문명의 혜택을 받지 못한 바이킹족이 새로운 바닷길을 개척하고 서쪽으로 항해한 끝에 캐나다와 미국의 일부인 신대륙을 발견한 까닭은 무엇일까? 바로 식량이 충분하지 않은 땅에서 살아남기 위해서는 다른 지역 사람들과의 교역이 필수였기 때문이다.

바이킹족의 고향인 스칸디나비아의 지형 또한 그들이 바다에 익숙해질 수밖에 없는 이유였다. 노르웨이의 해안은 피오르드 지형으로, 우리나라의 서해안이나 남해안처럼 해안 지형이 들쑥날쑥하다. 이 때문에 바이킹족은 목적지에 빨리

도달하기 위해서는 육지를 에둘러 가는 것보다 바다를 가로지르는 방법이 더 낫다는 것을 이미 알고 있었다. 이것이 바이킹족의 항해술이 발달할 수밖에 없었던 이유이다. 이처럼 아주 오래전부터 사람들은 목적에 따라 바다에 길을 내기 시작했다.

바닷길의 조건

밀물과 썰물

바다에는 항상 바람이 심하게 불고 풍랑이 세게 일어나는 장소가 있다. 이러한 곳은 대체로 바닷길로 적합하지 않지만 그곳을 피하면 너무 돌아가기 때문에 반드시 거쳐야 하는 경우가 있다. 오늘날과는 달리 바다의 사정을 미리 알 수 없었던 옛날에는 이런 위험한 바다를 지나는 것이 분명 공포였을 것이다.

우리나라의 서해안과 같이 밀물과 썰물의 차이가 큰 바다에서는 배를 조종하기가 어렵다. 밀물과 썰물의 차이를 조차(潮差)라고 하는데, 이 조차가 크면 그만큼 물의 이동이 많아 유속이 빨라진다. 당연한 이야기이지만 유속이 빨라지면 배를 조종하기가 어려운데, 특히 배보다 유속이 빠르면 매우 위험하므로 되도록이면 배를 운전하지 않는 것이 좋다.

우리나라 서해안은 하루에 두 번씩 밀물과 썰물이 발생하는데, 정확한 주기는 12시간 25분이다. 따라서 대략 6시간은 밀물이고 6시간은 썰물인데, 이를 '반일주조(半日週潮)'라고 한다. 하루에 두 번 밀물과 썰물이 생긴다는 뜻으로, 이 때문에 옛날에는 밀물과 썰물에 따라 쉬어갈 곳을 미리 정해놓고 배를 조종하기도 했다.

서해안의 바닷길은 밀물 때에는 바닷물이 남에서 북으로 흐르기 때문에 굳이 노를 젓지 않아도 배가 움직인다. 따라서 배가 육지에 부딪히지 않도록 노를 이용해 방향만 잡아주면 되지만, 썰물 때에는 흐름이 반대로 바뀌기 때문에 아무리 노를 저어도 배가 앞으로 나아가지 못하고 뒤로 밀린다. 이럴 때는 배를 움직이지 말고 가까운 육지에 정박해 쉬는 게 더 나았다. 이 때문에 옛날에는 뱃사람들이 잠깐 쉬었다가 가는 섬이나 육지에 음식을 파는 주막이나 물건을 파는 상점이 번성했다. 요즘에는 엔진으로 배를 움직이므로 쉬어 가는 곳이 필요하지 않고 밀물과 썰물도 따로 신경 쓰지 않아도 돼 매우 편리하다. 하지만 옛사람들에 비해서 여유와 낭만이 없어진 점은 아쉽다.

조그마한 항구에 배를 정박하고 쉴 때는 해저의 상태를 잘 살펴야 한다. 자칫하면 배가 물속에 가라앉는 사고가 발생할 수도 있기 때문이다. 밤에 잠을 자고 아침에 배를 타려고 항구에 나왔는데 배가 안 보이고 배를 묶은 줄만 보이는 경우가 있다. 배를 누군가 훔쳐갔다고 걱정할 수도 있겠지만, 줄을 따라가면 무엇인가 묶여 있는 것처럼 팽팽한 것을 느낄 수 있고, 시간이 지나 바닷물이 빠지면 그제야 배가 제 모습

을 드러낸다. 항구의 수심이 얕은 경우 썰물 때 물이 완전히 빠져서 바닥이 드러나는 경우가 있는데, 이때 배가 바닥에 붙게 된 상태에서 밀물이 들어오면 배에 짐이 많아 무겁거나 배 바닥 접착 면이 넓은 경우 부력으로 떠오르지 못하고 잠기기도 한다. 펄이 많은 서해안에는 가끔 이러한 사고가 발생한다.

암초와 흘수

옛날에는 배가 크지 않고 동력이 없이 바람이나 인력으로 노를 저어서 가야 했기 때문에 큰 파도를 만나는 것을 매우 두려워했다. 그래서 먼 바다로 나가기가 어려웠고 되도록 육지에 붙어서 운행했는데 그 때문에 암초에 부딪힐 가능성이 높았다.

암초는 물속에 있는 바위라 겉으로 보이지 않으므로 조심하지 않으면 매우 위험하다. 특히 우리나라 서해안과 남해안은 해안선이 복잡하고 섬이 많으며 조차가 커서, 밀물에서는 문제가 없지만 썰물 때 수심이 낮아지면서 암초에 부딪히는 사고가 많이 발생한다.

배가 바다에 뜨면 일정 부분이 물에 잠기는데, 배가 물에 잠기는 깊이를 흘수라고 하며 이것이 크면 암초에 부딪힐 가능성은 당연히 높아진다. 이 때문에 흘수를 줄이기 위해서 배의 바닥을 바가지 형상으로 둥글게 만들기도 하는데, 이럴 경우 배가 파도에 좌우로 흔들리는 동요(rolling)가 발생하면서 빨리 안정을 찾지 못하고 오랫동안 흔들린다는 단점이 있다. 이런 배는 바다에서는 운행이 곤란하며 호수와 같이 잔잔한 곳에 적합하다. 따라서 좌우 동요를 방지하기 위해서는 배의 바닥을 뾰쪽하게 만들어야 하는데, 흘수가 커지는 단점이 있지만 현재 대부분의 배는 이런 형상이다.

바닷속의 땅

멀리서 본 바다는 평평하다. 바다는 엄청난 물로 가득 차 있어서 표면이 부드럽고 완만해 보인다. 그렇다면 바닷속은 어떨까? 바닷가에 놀러가서 스노클링을 해본 사람은 알겠지만 얕은 바다도 바닷속은 평평하지 않다. 해안가에서 물고기가 많은 쪽으로 헤엄치다 보면 어느새 얕은 모래톱이 사라지고 깊어진다. 또한 군데군데 산호초가 모여 살아 작은 언덕을 이루기도 한다. 그래서 바닷속 물고기를 구경하면서도 항상 바닥을 살펴보아야 한다. 바닷속으로 몇십 미터만 들어가

이순신 장군의 명량해전

밀물과 썰물의 성질을 잘 활용해 우리나라를 위기에서 구한 인물이 바로 이순신 장군이다. 이순신 장군은 임진왜란 당시 명량해전에서 배 13척으로 왜군을 격파했다.

명량해협은 육지와 진도 사이의 좁은 수로인데, 조차가 가장 크게 발생하는 초승달(삭朔)이나 보름달(망望)이 뜰 때에는 유속이 초속 5미터 이상 된다. 1초에 5미터를 가는 빠르기이니까 마라톤 선수의 달리기 속도와 비슷한 속도이다. 이 때문에 명량해협으로 들어온 왜군들은 빠른 물살에 배를 마음대로 조종할 수가 없었고, 함정에 빠진 줄 알면서도 도망가지 못하고 제대로 싸워보지도 못한 채 대패하고 말았다.

도 해저 지형이 다양하다는 것을 알 수 있다. 그렇기에 더 깊은 바다를 항해하기 위해서는 바닷속의 땅, 즉 해저 지형에 대해 잘 알아야 한다.

해저 지형은 깊이에 따라 명칭이 다양하다. 육지와 접하여 깊이가 200미터가 안 되는 완만한 지형을 대륙붕이라 하고, 대륙붕에서 깊은 바닥인 대양저에 이르는 경사가 급한 지형을 대륙사면이라고 한다. 대양저는 말 그대로 바다의 맨 밑바닥인데, 보통 깊이가 3000~6000미터 정도이지만 1만 미터 이상 깊은 곳도 있다. 산이 솟아 있는 육지와 마찬가지로 바닷속에서도 암석이 위로 솟아오른 곳이 있는데 그런 곳을 해저산맥(해령)이라고 한다. 이와 비슷하게 바닥에서 솟아오른 곳이지만 단순한 암석이 아니라 화산이 폭발해 만들어진 산도 있는데 이를 화산섬이라고 한다. 화산섬은 분출물이 바다 위에 쌓여 섬을 이루는데, 우리나라 제주도가 대표적인 화산섬이다. 이렇게 깊은 바다 지형은 우리가 타고 다니는 배보다는 바닷속을 탐험하는 잠수함의 바닷길을 만들 때 더 중요하다. 하지만 원인 모를 소용돌이나 해류의 움직임 등이 바닷속 지형 때문에 생기기도 하여 해저 지형에 대한 지식이 많을수록 안전하게 항해할 수 있다.

많은 사람들이 잘 알고 있는 18세기 해양 모험 소설 『로빈슨 크루소』의 주인공이 무인도에 떨어져 구사일생하게 된 이유는 주변 지형을 잘 파악하지 못한 탓에 배가 침몰했기 때문이다. 로빈슨 크루소가 탄 배를 침몰시킨 범인은 바로 암초였다.

'암초'는 앞에서도 말했듯이 배 위에서는 잘 보이지 않는 바위를 말한다. 바다 위에 약간만 모습을 내보인 암초는 파도의 움직임으로 알아보기가 어렵고, 바다 밑에 있는 바위는 아예 보이지 않는다. 작은 바위이지만 유명한 암초도 있다. 우리나라 해양과학기지가 있는 이어도도 엄밀히 말하면 암초에 속한다.

바위는 아니지만 역시 바닷길을 위험하게 만드는 '초(礁, reef)'도 있다. 산호나 굴처럼 함께 모여 사는 생물이 오래전부터 단단한 유기물로 쌓여 해수면까지 솟아오른 것인데, 바위처럼 강한 파도에도 깎이지 않아 배와 부딪칠 경우 큰 위험 요소가 된다. 또한 '암(rock)'이라는 것도 있는데 암초와는 달리 바다 위로 솟아 있다. '암'이 사람이 사는 섬과 다른 점은 바로 크기이다. 면적이 1제곱킬로미터 미만인 섬은 항해에 지장을 주는 '암'이라고 한다.

'사주(sandbar, barrier, bar)'도 항해에 위험한 지형이다. 강이나 연안 해안에는 파랑이나 해류의 영향으로 실려와 쌓인 보래나 자갈 언덕이 있는데, 이러한 지형은 썰물 때 드러나다가 밀물 때 물에 완전히 잠기는 경우가 많다. 사주는 눈으로 식별하기 힘들다는 면에서 암초와 같은 역할을 한다.

홍수나 태풍과 같은 급격한 기상 변화는 대규모 토사 이동을 일으킨다. 홍수가 나면 하천에서 물과 함께 토사가 쓸려 내려오고 바다에 이르러 흐름이 약해지면 토사가 가라앉아 수심이 얕아진다. 또한 태풍이 오면 바다가 뒤집어져 바닥의 토사도 이동하게 된다. 이러한 현상으로 바다의 지형이 변한다. 부산 낙동강 하구는 우리나라에서 사주의 변화가 심한 곳 중 하나이다. 이 지역을 잘 아는 선원도 사주에 배가 걸리는 사고를 당하는데 빠른 속도로 달리는 배가 사주에 걸려 배에 타고 있는 사람이 사망하는 사고도 발생한다.

예부터 뱃사람들은 경험으로 알게 된 이러한 위험 지형의 정보를 서로 나누고 대대로 알려 그곳을 피해 항해하도록 했다. 하지만 폭풍우가 치거나 캄캄한 밤에 표류하는 배에는 이러한 지형 정보가 없다. 따라서 경험 많은 뱃사람들은 육지가 가까울수록 항상 긴장하며 어딘가에 있을지 모를 위험 지형을 찾아내려 애썼다. 현재는 항해 지도에 위험 지형이 표시되어 있고 첨단 장비를 통해 항해에 위험한 지형을 찾아내고 있다.

자연이 선물한 쾌속 엔진, 바람

사람이 처음 만든 배에는 노가 달려 있었다. 유원지에서 배를 타본 사람은 알겠지만 노를 저어 배를 움직이는 일은 쉽지 않다. 사람의 힘은 한계가 있어서 물살이 거셀수록 거슬러 가기가 힘들기 때문이다. 그래서 노만 달려 있는 배는 먼 거리를 항해하기 위해 깊은 바다로 나아가기가 쉽지 않다.

하지만 바다에서 경험이 많아지면서 사람들은 자연 현상을 이용하기 시작했다. 바로 바람이다. 가만히 있는 사물도 센 바람에 움직인다. 마찬가지로 바다 위에서 바람의 방향과 같은 방향으로 움직이면 바람이 불지 않을 때보다 훨씬 빨리, 훨씬 덜 힘들게 도착할 수 있다는 것을 알게 되었다.

사람들은 바람을 더 적극적으로 이용하기 위해 배에 돛을 달기 시작했다. 바람이 돛에 닿으면 배는 엄청난 속도로 움직일 수 있다. 바람을 최대한 많이 받는 것이 항해에 유리하다는 것을 안 사람들은 면적이 넓은 사각돛을 달았다. 사각돛은 무역풍처럼 오랫동안 같은 방향으로 바람이 부는 바다에서 매우 유리했다. 대항해시대의 배가 사각돛을 단 것은 운항지가 주로 무역풍이 부는 바다였기 때문이다. 하지만 이 돛에는 치명적인 약점이 있었다. 가고자 하는 방향과 바람의 방향이 반대가 되면, 즉 역풍을 맞으면 배가 꿈쩍도 하지 않는다는 점이다. 사각돛을 단 배는 순풍이 불기를 기다리는 것 외에는 방법이 없었다.

삼각돛은 사각돛에 비해 바람이 닿는 면적이 작다. 따라서 같은 바람이 분다고 할 때 속도는 사각돛보다 느릴 수밖에 없다. 하지만 삼각돛은 사각돛보다 늦게 만들어졌다. 속도가 더 느린 삼각돛을 만든 이유는 무엇일까? 그것은 역풍 때도 배를 움직이기 위해서다. 바람의 방향이 수시로 바뀌는 바다에서 항해한다고 생각해보자. 사각돛을 단 배라면 가다 멈추다를 반복할 수밖에 없지만, 삼각돛은 역풍에도 움직일 수 있다. 비록 직진할 수는 없지만 45도 각도로 지그재그를 그리며 앞으로 나아갈 수 있다. 사람들은 역풍에도 운항할 수 있는 삼각돛을 발명한 데 이어, 사각돛과 삼각돛을 함께 단 배를 만들기에 이르렀다.

역풍에도 삼각돛이 앞으로 진행하는 이유

사각돛은 돛대에 고정되어 있어 방향을 바꿀 수 없지만 삼각돛은 돛대를 중심으로 이동할 수 있도록 만들었다. 그리하여 바람의 방향이 역풍이 되면 사각돛으로는 앞으로 나아갈 수 없으므로 접어야 하지만, 삼각돛은 바람의 방향과 나란하게 하여 삼각돛 전후의 압력 차이로 발생하는 힘을 이용할 수 있다. 이를 '베르누이(Bernoulli)의 원리'라고 한다.

베르누이의 원리에 따르면 어느 한 점에서의 압력과 유속의 합은 일정하다. 따라서 유속이 빨라지면 압력은 작아진다. 이 원리는 비행기 날개에도 적용되는데, 아래 그림에서처럼 비행기가 달리면 날개의 상하에 유속의 차이가 발생하고, 베르누이의 원리에 따라 압력이 위로 작용하여 비행기가 뜬다. 이와 마찬가지로 삼각돛도 진행 방향으로 돛을 부풀리면 비행기 날개와 같이 유속 차가 생겨 배의 진행 방향으로 압력이 작용한다. 이 힘으로 배는 역풍에도 전진하게 된다.

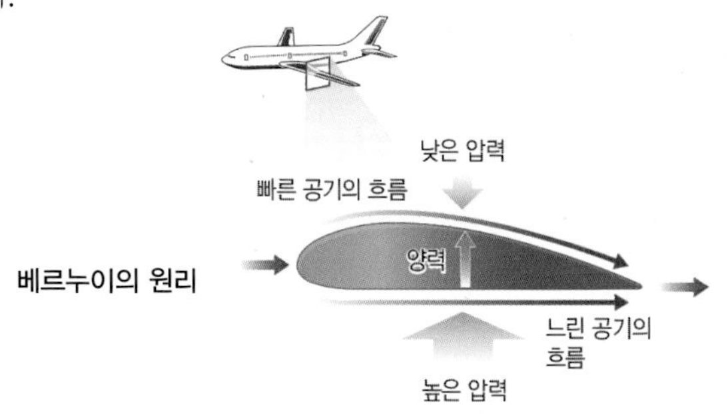

바람의 힘은 굉장하여 대항해시대에는 엄청난 화물을 실은 배가 바람을 이용해 대양을 항해할 수 있었다. 항해에 이용하는 바람에는 해륙풍과 계절풍이 있다. 맑은 날 해안 지방에서는 낮과 밤에 각각 다른 방향으로 바람이 분다. 낮에는 바다에서 육지를 향해 해풍이 불고, 밤에는 육지에서 바다를 향해 육풍이 분다. 이와 같이 낮과 밤에 따라 방향이 바뀌는 바람을 해륙풍이라고 한다.

계절풍은 좀 더 큰 바다를 항해하는 데 영향을 끼치는 바람이다. 계절에 따라 바람이 다른 방향으로 분다 하여 계절풍이라고 부르는 이 바람은 아라비아의 뱃사람들이 가장 먼저 발견했다. 아라비아 사람들이 활발하게 활동한 인도양에서 계절풍은 여름에는 남서풍이, 겨울에는 북동풍이 분다. 계절풍을 가리키는 '몬순(monsoon)'은 아라비아어로 '계절'을 뜻하는 '마우심(mausim)'이라는 말에서 왔다. 아라비아 사람들은 6개월마다 한 번씩 바람의 방향이 바뀌는 현상을 이용해 항해를 했다.

계절풍은 히말라야 산맥 같은 지형적 장애물이나 대기층의 흐름 등 다양한 원인으로 생기지만, 가장 중요한 원인은 육지보다 높은 바다의 온도이다. 겨울철에는 바다보다 육지가 훨씬 더 추운데, 이렇게 육지에서 냉각된 공기 때문에 육지에는 고기압이, 바다에는 저기압이 형성된다. 대기는 언제나 평형을 유지하려는 성질이 있으므로 공기가 고기압에서 저기압으로 흐르게 되는데, 이로 인해 대륙에서 바다로 바람이 분다. 여름철에는 반대로 물이 시원하고 땅이 더워서 육지에서 가열된 공기 때문에 육지 쪽이 저기압이 되고 바다 쪽이 고기압이 되어 바람도 겨울철과는 반대로 불게 된다.

항해에 영향을 미치는 바람에는 편서풍과 무역풍이 있다. 적도 지역은 덥기 때문에 더운 공기가 위로 올라가고 기압은 낮아지는 저기압이 형성되지만, 극지방은 반대로 춥기 때문에 찬 공기가 내려와서 고기압이 형성된다. 바람은 고기압에서 저기압으로 분다. 지구에서는 위도 30도 부근에서 저기압 지역인 적도 방향으로 부는 바람이 있고, 극지방의 고기압은 대략 위도 60도 부근까지 영향을 미친다. 그 사이는 복잡한 양상을 보인다. 위도 30도 부근에서 적도 지방으로 부는 바람을 무역풍이라고 하며, 30도 부근에서 60도 부근으로 부는 바람을 편서풍이라고 한다. 지구가 자전을 하지 않는다면 바람의 방향은 기압차로만 결정되겠지만 자전하기 때문에 그렇지는 않다. 지구의 자전으로 발생하는 힘을 '코리올리의 힘

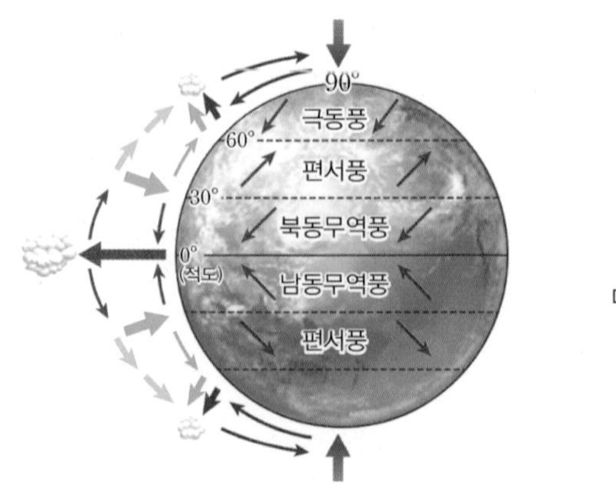

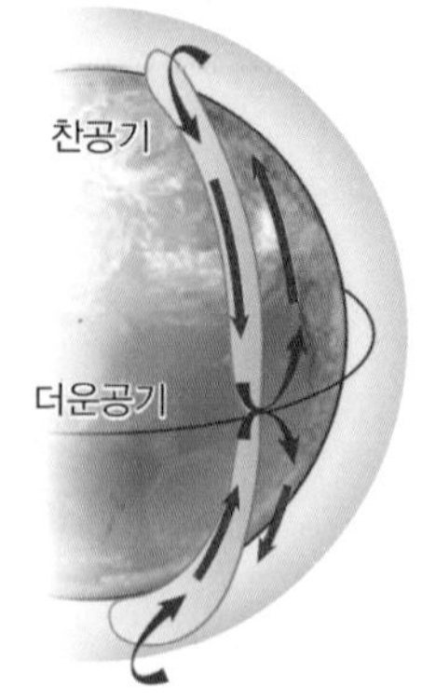

지구 자전과 바람

(Coriolis force)' 또는 '전향력'이라고 하는데, 지구상의 북반구에서 운동하는 물체는 운동 방향에 대해 오른쪽 방향으로 힘을 받고 남반구에서는 반대로 왼쪽으로 힘을 받는다. 이런 이유로 편서풍은 남서쪽에서 불며 무역풍은 북동쪽에서 분다.

태풍 발생 해역은 피해서

바람은 항해를 도와주는 자연 현상이지만 뱃사람들이 가장 무서워하는 존재 역시 바람이다. 뜨거운 여름에 태풍이 발생하면 육지에 사는 사람들도 엄청난 바람에 단단히 대비를 한다. 보통 중심 최대풍속이 초속 17미터 이상인 열대저기압이 발생하면 태풍이라고 하는데, 이 정도의 바람이면 우산이 뒤집어지고 간판이 떨어질 수 있다. 기상학적으로 태풍으로 분류되는 바람의 중심 최대풍속은 초속 33미터이다. 태풍 피해 관련 뉴스에서 볼 수 있듯이 이 정도 바람이 불면 나무가 뿌리째 뽑히고 차량이 뒤집힐 수 있으며 건물도 무너질 수 있다. 해륙풍에서 육풍이 더 느린 이유가 육지의 지형지물 때문인 것처럼, 태풍도 육지에 상륙하는 순간 약간이나마 세기가 약해진다. 하지만 인간의 힘으로 대처하기 힘든 것은 마찬가지다.

태풍을 부르는 이름은 바다를 둘러싼 지역마다 달라서 북서태평양에서는 '타이푼', 북중미에서는 '허리케인', 인도양에서는 '사이클론'이라고 한다. 보통 6월부터 10월 사이에 발생하는데, 그 이유는 태풍이 뜨거운 바다에서 만들어지기 때문이다. 해수면 온도가 27도 이상일 경우, 대기가 불안정해지면서 공기가 상승한다. 공기는 회전 상승하면서 주변 공기를 더 빨아들이는데, 이 흐름이 무겁고 빨라지면서 엄청나게 센 바람을 만들어낸다. 이렇게 소용돌이치는 공기는 적도에서는 볼 수 없다. 지구 위도로 보면 북쪽과 남쪽 모두 위도 5도 이상인 지역에서만 발생하는데, 사실상 인류가 살고 있는 위치이기 때문에 우리의 삶에 많은 영향을 끼친다.

다행히 요즘은 대략 일주일 정도 지속되는 태풍의 발생과 진로는 예상할 수 있다. 태풍이 발생하면 배는 안전한 항구로 대피한다. 국가에서는 피해를 막기 위해 모든 배의 출항을 금지하기도 한다. 하지만 예보 시스템이 없었던 시절에는 바다 한가운데서 태풍을 만나지 않기 위해 태풍이 자주 발생하는 해역을 피해 바닷길을 만들었다.

바다의 고속도로 해류

최부, 벨테브레, 하멜, 이들의 공통점은 바로 조선시대에 바다를 떠다닌 적이 있다는 점이다. 사람만이 아니다. 일본 해안에서는 우리말이 쓰여 있는 쓰레기가 많이 발견되는데, 이 쓰레기들도 물의 흐름, 곧 해류 때문에 일본 해안까지 흘러들어간 것이다. 이처럼 사람이나 사물이 해류에 실려 의도하지 않은 곳으로 떠다니는 움직임을 표류라고 한다. 사람이나 사물을 생각하지도 않은 곳으로 흘러가게 하는 해류는, 고장 난 배나 조난당한 사람에게는 두려운 존재였다. 하지만 아무 힘도 들이지 않고 먼 곳까지 옮겨다준다는 점에서 빠른 바닷길을 고민하는 사람들에게는 아주 좋은 발견이기도 했다.

예부터 해안 지역 사람들은 해류의 존재를 알아차리고 이를 이용해 항해 시간을 줄였다. 태평양에 면한 우리나라와 중국, 일본 주변에는 쿠로시오 해류가 북태평양 해류를 만나고 다시 아메리카 대륙 서안에서 북적도 해류와 만난다. 아메리카 대륙 동쪽에는 멕시코 만류가 있고, 북쪽으로 올라가면 북대서양 해류가 유럽 쪽으로 길을 만든다. 남반구에 있는 남아메리카 동쪽에는 브라질 해류가, 서쪽에는 페루 해류가 있고, 남반구의 맨 아래쪽 남극에 가까운 곳에서는 차가운 서풍 피류가, 적도 부근에는 뜨거운 적도 반류와 남적도 해류가 흐른다.

해류는 여러 가지 요인으로 발생한다. 지구가 자전함에 따라 편서풍이나 무역풍이 부는데 이 대기의 흐름으로 대부분의 해류가 발생한다. 어떤 해류는 태양열이나 강물로 발생하기도 한다. 태양열을 받아 따뜻해진 물은 부피가 팽창해 차가운 바다보다 높이가 약간 올라간다. 중력에 따라 모든 물질은 위에서 아래로 흐르므로, 따뜻해진 바닷물은 차가운 바닷물 쪽으로 흐르는데 이 움직임이 해류가 된다. 마찬가지로 강물이 밀려드는 바다는 그렇지 않은 쪽 바다보다 밀도가 작다. 강물에는 소금기가 없어서 소금기를 품은 바다보다 가

볍기 때문이다. 그렇게 되면 가벼운 바닷물이 위로 올라가고 무거운 바닷물은 아래로 내려가는데 이 움직임 또한 해류를 만드는 원인이 된다.

해류는 엄청난 물 덩어리가 지구 전체를 도는 움직임이기 때문에 인간 생활의 모든 부분에 영향을 끼칠 수밖에 없다. 뜨거운 적도 지방에서 시작된 해류는 따뜻할 '난(暖)' 자를 써서 난류, 극지방에서 시작된 해류는 차가운 '한(寒)' 자를 써서 한류라고 한다. 추울 때 따뜻한 물주머니를 안고 있으면 몸 전체가 따뜻해지고 차가운 물주머니를 안고 있으면 반대로 추워지듯이, 난류와 한류가 지나가는 대륙은 그에 따라 기후가 달라진다. 우리나라보다 더 북쪽에 있는 영국을 비롯한 유럽 지역에 우리와 비슷한 사계절이 있는 이유는 따뜻한 해류인 멕시코 만류가 이 지역 주위를 돌아 흐르기 때문이다.

사람들 중에도 추운 날씨를 좋아하는 사람과 더운 날씨를 좋아하는 사람이 있는 것처럼, 물고기도 따뜻한 바다를 찾아다니는 물고기와 차가운 바다를 찾아다니는 물고기가 있다. 난류가 흐르는 지역에서는 우럭, 갈치, 도미, 가다랑어 같은 물고기가 많고, 한류가 흐르는 지역에서는 연어, 송어, 대구 같은 물고기가 많다. 그리고 난류와 한류가 만나는 지역은 세계적으로 물고기가 많이 잡힌다.

뱃사람들에게 해류는 고속도로와 같다. 해류는 육지를 만나면 몇 개의 지류로 나뉘어 흐르고, 지형에 따라 소용돌이를 일으키며 반대로 흐르기도 한다. 우리나라 주변에는 쿠로시오 해류와 북태평양 해류 등의 지류가 흐르는데, 쿠로시오 해류가 두 개로 나뉘어 동해 난류와 황해 난류로 흐르고, 북쪽에서는 동해를 따라 리만 해류가 흐른다. 장보고와 같은 사람들은 이 해류를 이용해 중국이나 일본까지 빠르게 항해할 수 있었다.

바다의 오래된 이정표

콜럼버스의 기도

1492년 10월, 향신료로 가득한 인도를 찾기 위해 항해에 나선 크리스토퍼 콜럼버스는 불안에 시달리고 있었다. 에스파냐의 팔로스 항구를 떠난 지 70여 일 동안 쉼 없이 바다를 달렸지만 수평선은 더 멀어져만 갔기 때문이다. 아무리 앞으로 나아가도 언제나 망망대해였고 선원들의 불만은 점점 높아지더니 급기야 반란의 기미까지 보이고 있었다.

"다시 고향으로 돌아갑시다. 인도로 가는 길이 있다는 걸 더 이상 믿을 수 없소!"

"이러다가 바다 낭떠러지에 떨어지는 거 아닙니까?"

당시 유럽에는 지구가 둥글다는 과학적 사실을 믿는 사람들이 많았다. 하지만 과학에 무지한 사람들은 여전히 지구는 네모이며 그 끝에는 낭떠러지가 있다고 믿었다. 콜럼버스가 탄 배의 선원들은 처음에는 돈벌이의 유혹에 휩싸여 콜럼버스의 말을 믿었지만, 70일 동안 항해해도 육지 한 귀퉁이도 보이지 않자 점점 불안해졌다.

"지구는 분명히 둥글다. 조금만 더 내 말을 믿고 앞으로 나아가자!"

콜럼버스는 선원들에게 믿음을 주려 애썼지만 언제까지 그들이 참아줄 수 있을지 확신할 수 없었다. 선상 반란을 일으키는 선원은 법적으로 무조건 사형이었지만 그것은 어디까지나 고국 에스파냐로 돌아간 다음에 할 수 있는 일이지, 바다 한가운데 있는 콜럼버스에게는 아무런 도움도 되지 않았다. 반란이 일어나면 인도로 가는 항해는 바로 중지될 것이고 콜럼버스는 목숨을 잃을 게 뻔했다. 콜럼버스는 매일매일 육지가 보이기를 기도했다.

그런데 콜럼버스는 왜 육지가 보이기를 기노했을까? 어디에 무엇이 있는지도 모르고 위험한 바다로 무작정 나섰단 말인가? 말 그대로다. 요즘 같았으면 해도(바닷길을 표시한 지도)를 보고 섬이나 육지가 어디에 있는지 선원들에게 알려줄 수 있었겠지만, 1492년 당시의 콜럼버스에게는 그러한 해도나 표시가 없었다. 유럽에서 그곳까지 항해한 것은 콜럼버스가 처음이었다. 그 때문에 콜럼버스는 두 눈을 부릅뜰 수밖에 없었다. 육지가 있다는 표시를 찾기 위해서 말이다.

이처럼 예전에는 현재의 항로 표지에 속하는 것이 거의 없었다. 등대는 널리 알려진 유명한 항구에만 있었고, 지금처럼 부표에서 배로 여러 정보를 전달해주는 표지도 없었다. 그렇다면 예전에는 어떤 것이 뱃사람들에게 이정표 역할을 했을까?

곶

장산곶 마루에 북소리 나더니 금일도 상봉에 님 만나 보겠네.

갈 길은 멀구요 행선은 더디니 늦바람 불라고 성황님 조른다.

님도 보구요 놀기도 하구요 몽금이 개암포 들렀다 가게나.

바람새 좋다고 돛 달지 말고요 몽금이 앞바다 놀다나 가지요.

북소리 두둥둥 쳐 울리면서 봉죽을 받은 배 떠들어 오누나.

「몽금포 타령」 중에서

우리나라 유명 민요 중에 「몽금포 타령」이 있다. 황해도 장산곶은 「심청전」의 무대이기도 한 유명한 곳인데, 이 장산곶 정상의 북소리를 들은 뱃사람의 아내가 남편이 올 것을 알고 기뻐하는 내용을 담은 노래이다. 그렇다면 아내는 어떻게 북소리만 듣고 남편이 무사히 돌아왔음을 알았을까? 비밀은 장산곶에 있다.

곶이란 바다 쪽으로 툭 튀어나온 육지를 말한다. 육지가 바다로 가라앉으면 낮은 골짜기나 평지는 바닷물에 잠기지만 높은 산은 바다 위로 솟아오르게 된다. 또는 바닷물 때문에 육지가 깎여서 생기기도 하는데, 약한 부분이 먼저 침식되고 단단한 부분만 남는 경우 그 부분을 곶이라고 부른다.

바다에 가장 가까이 높이 솟아 있는 곶은 예부터 뱃사람들에게 육지가 있다는 사실을 알려주는 중요한 표지였다. 「몽금포 타령」에 나오는 장산곶은 뱃사람들 입장에서 보면 몽금포 항구가 가까이 있다는 표시였다. 그런데 왜 북소리가 났을까? 그것은 장산곶이 물살이 소용돌이치는 험한 바다였기 때문이다. 장산곶 근처에는 몽금포라는 유명한 항구가 있는데, 배가 무사히 항구로 들어오려면 장산곶에서 매우 조심해야 했다. 배 위의 선원들은 멀리 장산곶이 보이면 북쪽으로 13킬로미터쯤에 몽금포가 있다는 사실도 알 수 있었지만 동시에 매우 조심조심 항해해야 한다고 생각했다.

섬

바다 한가운데에 떠 있는 육지, 섬은 그 자체로 뱃사람들에게 이정표가 된다. 아름다운 제주도는 동북아시아 중심에 있는 섬이다. 특히 제주도에는 1950미터나 되는 한라산이 있어서 멀리서도 섬의 존재를 알아차릴 수 있다. 동북아시아의 바다를 다니는 배들에게 제주도와 한라산은 중요한 이정표였다.

제주도에서 육지로 뱃길을 잡은 배들은 다음 이정표를 찾아 항해했다. 우리나라 가까이에는 섬이 많아 길을 잡기가 어렵지 않았지만, 한반도 남쪽 큰 도시에 속하는 부산을 가려면 오륙도를 찾아야 했다. 우리나라의 바다를 남해와 동해로 나누는 분기점이기도 한 오륙도는 부산광역시 기념물 제22호이다. 오륙도는 섬 6개를 합쳐 부르는 말인데, 방패섬, 솔섬, 수리섬, 송곳섬, 굴섬, 등대섬이 각각의 이름이다. 옛사람들은 방패섬과 솔섬이 밀물 때는 붙어 있는 듯 보인다 하여 전체가 5개이기도 하고 6개이기도 하다는 뜻으로 오륙도라고 불렀다.

오륙도는 그 자체가 부산으로 안내하는 이정표이지만, 그 중에서도 등대섬이 항로 표지 역할을 했다. 등대섬에는 이름 그대로 등대가 있는데 1937년 일본이 처음 등대를 만들었다. 일제 강점기에 만들어진 대다수의 등대와 마찬가지로 오륙도의 등대도 일본의 조선 수탈을 목적으로 건설되었다. 당시에도 부산은 우리나라의 최대 항구였기 때문에 우리나라에서 수탈한 쌀 등을 일본으로 실어가기 위해 반드시 거쳐야 하는 곳이었다. 이러한 대형 화물선이 해운사고 없이 지나가려면 반드시 등대가 필요했다.

일본의 수탈을 도왔던 오륙도는 일제 침략 전에는 왜구의 침입을 방비하는 중요한 지점이었다. 조선 숙종시대 부산첨사는 부산의 지형을 아뢰면서 전함은 바람의 영향을 받아 적의 배를 놓칠 우려가 많으니 오륙도 부근을 아예 군사기지처럼 만들어 왜적에 방비하자고 건의했다. 이처럼 일본 배의 움직임을 빠짐없이 파악할 수 있었던 것은 부산으로 가려면 이정표 역할을 하는 오륙도를 지나가야 했기 때문이다.

앞서 소개한 콜럼버스의 일화에서 콜럼버스를 위기에서 벗어나게 해준 것도 바로 섬이었다. 배 3척을 이끌고 인도로 향하던 콜럼버스는 1492년 10월 12일 드디어 히스파니올라라는 섬을 발견했다. 현재 아이티와 도미니카 공화국이 있는 이 섬은 카리브 해 근처에 있는 섬 7000여 개 중 하나이다. 카리브 해는 남아메리카 북쪽, 중앙아메리카 동해에 속하는 대서양을 말하는데, 콜럼버스는 죽을 때까지 이곳을 인도라고 믿었다. 그래서 수많은 섬들을 인도 서쪽의 섬 무리

라는 뜻으로 '서인도제도'라고 불렀다. 콜럼버스는 히스파니올라를 발견함으로써 목숨을 건졌지만, 이미 그 땅에 살고 있던 1억 명 이상의 원주민들은 반대로 목숨을 잃을 수밖에 없었다. 당시 유럽에서 금보다 비싸게 팔리던 후추를 발견하기 위해 인도를 찾아갔던 콜럼버스는 남아메리카 대륙에서 원주민들을 노예로 삼아 착취를 일삼았다. 그러는 와중에 잉카, 마야, 아스텍 문명은 안타깝게도 멸망하고 말았다.

지해선, 표적

동지총제(同知摠制) 이각(李恪)이 말씀을 올리기를,

"충청도와 전라도에서 조운(漕運)할 때에 부서진 배는 모두 물 가운데에 있는 바위와 쌓인 모래 때문인데, 바위는 예전과 늘 변함이 없지마는 쌓인 모래는 자리를 옮기어 일정하지 않으니, 모두 조수(潮水)의 왕래 출몰(出沒)로 인하여 깊고 얕음이 각기 다른 때문인 것입니다. 조운하는 배는 지해선(指海船)으로 먼저 인도한다고 하여도, 그 넓은 바다에 수가 많은 조선(漕船)이 혹은 먼저 가기도 하고 혹은 뒤에 가기도 하는 것이니, 어찌 모두 지해선이 선도(先導)하는 한 곳만을 따라 운행(運行)하도록 하겠습니까. 이로 말미암아 배를 부리는 사람은 알지 못하는 중에 부딪쳐서 배가 부서지는 화(禍)가 자주 있게 되니, 이는 지해의 선도(先導)를 믿을 수 없는 것입니다. 신의 어리석은 생각으로는 각 포구(浦口)와 연해(沿海) 주군(州郡)으로 하여금 바위와 쌓은 모래가 있는 곳에는 적당한 곳을 따라서, 혹은 표목(標木)을 세우기도 하고 혹은 조그만 배를 정박(停泊)시키기도 하여 처음서부터 끝까지 배의 진퇴(進退)를 지휘(指揮)할 것이며, 또 험악한 바닷가의 땅에는 긴 나무를 세워서 그 위에 표적(標的)을 달아놓아 배를 부리는 사람으로 하여금 연속하여 서로 바라보게 하여 경강(京江)까지 이르게 할 것이며, 또 마땅히 기일 전에 사람을 시켜 그 표적을 세우고 배를 정박시키는 일에 부지런하고 태만한 것을 상고하여 이를 어긴 사람은 법으로써 엄격히 다스리게 한다면 조선(漕船)이 부서지는 걱정을 면할 수 있을 것입니다"라고 하니, 그대로 따랐다.

『조선왕조실록』, 세종 19권, 5년

조선시대에는 세금을 물건으로 받는 일이 일반적이었다. 쌀이 나는 곳에서는 쌀을, 베가 생산되는 곳에서는 베를 한양으로 실어 올렸다. 이를 조운이라 하는데, 이 물건들이 곧 나라의 재정이기 때문에 세금을 서울로 옮기는 일은 매우 중요했다. 조운을 위해 나라의 관리들이 가장 신경 썼던 부분은 바닷길과 항해였다. 제주도에서 나는 물건은 물론이고 전라도에서 많이 나는 쌀을 옮기는 가장 쉬운 수단이 배였다. 하지만 다른 운송 수단보다 편리하다 해도 바닷길은 언제든 위험해질 수 있었다.

이를 위해 관리들은 노련한 뱃사공에게 배를 맡기는 한편, 조류의 흐름이 불규칙하거나 바닷물의 깊이나 지형 따위가 복잡한 곳에는 지해선을 띄우기도 했다. 지해선이란 다른 배들이 기준을 삼아 알아볼 수 있는 배로, 복잡한 곳에서 항로를 안내하는 역할을 했다. 하지만 위의 글에서 조선시대의 신하가 세종에게 말했듯이 바다는 넓고 물품을 운반하는 배들이 많아 곳곳에 지해선을 띄우는 것이 오히려 위험했다. 신하는 이를 보완하기 위해 표적, 즉 알아볼 수 있을 만한 것을 만들자고 제안한다.

물론 표적이 이때 처음 만들어진 것은 아니다. 인류가 처음 항해를 시작한 이후, 험한 곳을 피하거나 제대로 된 항로를 표시하기 위한 기술은 여러 가지가 있었다. 우리나라는 군사적으로 위급한 상황이 벌어지거나 지방에서 일어난 일을 서울로 알리기 위해 봉화대를 만들었는데, 이 봉화가 항로 표지 역할을 하기도 했다. 그 밖에도 험한 바닷길 정상에 큰 깃발을 꽂고 안개가 가득한 날에는 꽹과리와 북을 치는 등 안전한 항해를 위해 많은 표적을 마련했다.

역사 속의 바닷길

역사적으로 바닷길을 항해하는 일은 언제나 중요했다. 다른 나라로 전쟁을 하러 갈 때 많은 나라들이 배에 무기와 군인을 싣고 바다를 건넜다. 또 다른 나라와 장사를 하러 가기 위해서도 엄청나게 큰 배를 만들었다. 부처님의 말씀을 구하거나 카바 신전으로 예배를 떠나기 위해, 예수님의 전설을 확인하기 위해 목숨을 걸고 먼 길을 떠나는 순례자도 있었다. 이 모든 역사의 배경은 바다였고 연출자는 뱃사람들이었다. 따라서 안전한 바닷길을 알고 뛰어난 항해 기술을 보유한 사람들이 새로운 역사를 만들어냈다. 그리고 때로는 항해 자체가 역사가 되기도 했다.

고대의 바닷길

우리나라와 중국을 잇는 가장 오래된 바닷길은 현재 중국의 다롄 지역까지 이어지는 항로이다. 다롄 끝에 있는 노철산을 반드시 지나게 된다 하여 '노철산수도'라고도 부르는 이 항로는 우리나라 남양만에서 대동강 하구, 압록강 하구를 거쳐 요동반도에 이르는 서해 북부의 항로였다. 지도를 보면 이 항로는 마치 꼭짓점 잇기처럼 중간중간에 멈추는 곳이 많다. 따라서 항해해야 할 거리도 직선 거리에 비해 멀다는 것을 알 수 있다. 빠른 길이 최고라고 생각한다면 매력 없는 길일 수 있지만 고대에는 바로 그 점 때문에 이 바닷길을 이용했다.

먼 거리를 한 번에 항해하려면 항해 기간 동안 먹을 식량과 물을 실을 수 있어야 한다. 그리고 여러 가지 기상 조건에 대처할 수 있을 정도로 튼튼해야 한다. 하지만 고대에는 그러한 배를 만들 수 있는 기술력이 부족했다. 그래서 중간중간 육지에 닻을 내려 식량을 보충하고 배를 수리해야 했다. 또한 항해술이 발달하지 못했기 때문에 눈으로 육지를 보면서 항해할 수밖에 없었다.

지도에 보이는 이 바닷길은 한나라가 고조선을 침략했다는

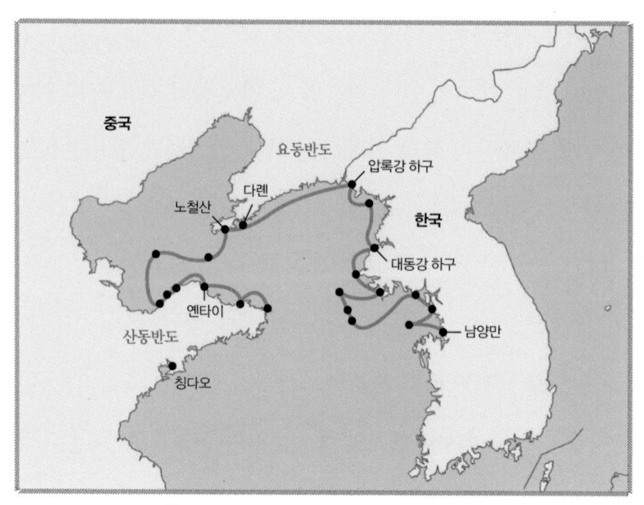

한반도와 중국을 연결하는 노철산 항로

안타까운 역사에서 가장 먼저 등장한다. 한나라 무제는 수병 50만으로 고조선을 침략했는데 이로 인해 고조선은 멸망하게 된다. 이후 수나라가 고구려를 침략할 때도 이 바닷길을 이용했다는 기록이 있다. 역사책에는 주로 전쟁에 관한 기록만 남아 있지만 육지의 길이 다양한 용도로 쓰이듯이 바닷길도 그러했다. 중간에 머무르는 곳이 많은 이 바닷길을 통해 상인들은 활발하게 무역을 했을 것이다. 실제로 장보고 상단은 이 바닷길을 즐겨 이용했는데, 한강, 압록강, 대동강 유역 등 머무는 항구가 많아 물품을 골고루 살 수 있었고 점점이 흩어져 있는 섬과 해안에 들러 물품을 팔 수도 있었다. 훗날 대조영이 세운 발해의 땅이 되었던 이 바닷길의 해안은 파도가 높지 않아 해안을 따라 항해하면 가장 안전하게 요동반도로 갈 수 있었다. 고대인들에게는 가장 적당한 바닷길이었던 셈이다.

한반도를 둘러싼 바다 환경

옛날 사람들이 우리나라와 중국, 일본을 잇는 바닷길을 만들 수 있었던 이유는 바다에 대한 이해가 높았기 때문이다. 바다는 바람과 해류에 따라 안전할 수도 있고 그렇지 못할 수도 있다. 또한 바람과 해류를 이용하여 좀 더 빨리 항해할 수도 있다. 바람을 안고 걷는 것은 힘들지만 바람을 등지고 걸으면 더 빨리 걷게 되는 것과 같은 이치이다. 뱃사람들은 우리나라를 둘러싼 바람이나 해류를 이용해 바닷길을 만들었다.

우리나라 주변 바다에 큰 영향을 미치는 대표적 해류는 쿠로시오 난류이다. 적도 부근에서 29도에 가까운 온도의 따뜻한 물 덩어리가 일본 남쪽 태평양을 거슬러 캄차카 반도 쪽으로 북상한다. 그중 일부 흐름이 제주도 남쪽에서 갈라져 동해로 북상하고 또 일부는 서해를 거슬러 올라 발해만까지 흐른다. 이때 서해에서 소용돌이를 일으키면서 흐름이 바뀌어 연안 쪽에서는 남쪽으로 흐르게 된다. 이러한 쿠로시오 난류의 특징을 활용해 뱃사람들은 연안을 안전하게 항해했다.

고려를 방문한 송나라 사신 서긍은 중국에서 배를 타고 항구에서 떠나면 고려 땅인 흑산도에는 4일이면 도착하고, 고려의 수도인 개경의 예성강까지는 7일이면 도착한다고 기록했다. 장보고 시대의 기록을 보면 신라인들은 북쪽으로 바람이 불기 시작하는 가을에 당나라로 떠났다. 신라방이라는 신라인 거주지까지 있을 정도로 교역이 왕성했던 당나라에서 무역에 종사한 신라인들은 봄이나 여름에 남쪽으로 부는 바람을 이용해 신라로 돌아왔다.

『입당구법순례기』라는 책에 신라와 장보고에 대한 기록을 남긴 일본의 구법승 엔닌의 항해 일기를 보면, 장보고 선단이 무역풍을 이용한 흔적이 확연히 드러난다. 엔닌은 847년 9월 2일 정오에 당나라 적산포에서 신라를 향해 떠났다고 기록하고 있다. 9월 3일에는 서해안의 육지를 보았다고 하고, 9월 4일 밤에는 현재 전라남도 목포시에서 북서쪽으로 26킬로미터 떨어진 고이도에 도착했다고 한다. 야간 항해를 했다고 하더라도 중국에서 신라까지 사흘밖에 걸리지 않은 것은 무역풍의 힘을 이용했기 때문이다.

연안을 이용한 바닷길

서양의 역사에서 가장 중요한 바다는 지중해라고 할 수 있다. 그리스 고대 문명부터 지중해는 유럽과 아랍 그리고 아프리카 사이에 전쟁과 교류가 끊이지 않은 바다였다. 그 까닭은 지도를 보면 알 수 있다. 마치 호수처럼 생긴 작은 바다를 사이에 두고 유럽과 아랍, 아프리카가 면하고 있는데 작은 배와 평범한 항해술로도 항해가 어렵지 않다는 것을 짐작할 수 있다.

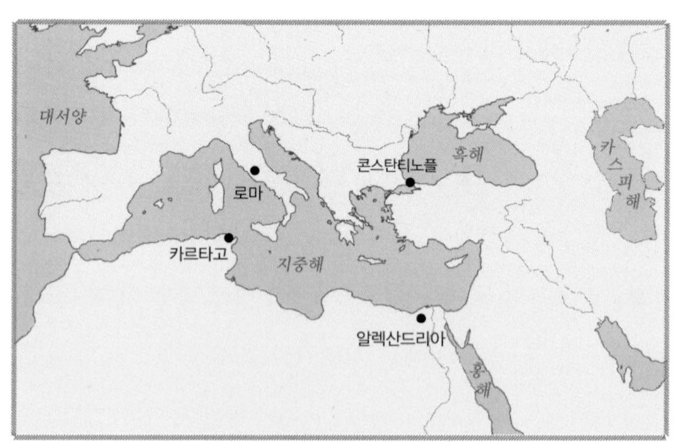

6세기 지중해 연안과 주요 도시

지중해 연안을 둘러싸고 번성한 문명 중에 동서양 모두에 가장 큰 영향을 끼친 문명은 페르시아이다. 동양과 서양의 통로 역할을 하며 전 세계에 선진 문화를 전파한 페르시아는 연안을 따라 항해하는 바닷길을 통해 지중해를 장악했다. 동서 교역로의 중심을 차지한 나라로 유명한 페르시아는 인도 쿠샨 왕조나 로마와 전쟁을 벌이면서까지 교역의 중심지 지위를 지키려 노력했다. 그리하여 6세기의 페르시아는 비단길과 바닷길을 통해 들어오는 인도와 중국의 거의 모든 물품이 모이는 세계의 시장이 되었다.

우리나라 경주에 있는 신라 귀족의 무덤인 황남대총에서 발굴된 국보 193호 봉수형 유리병은 그 형태가 페르시아의 주전자와 같은 양식임이 밝혀져 고대 동서 교류의 증거가 되고 있다.

북쪽으로 아랄 해와 카스피 해, 흑해, 남쪽으로는 홍해, 중앙의 지중해 바닷길까지를 세력권에 둔 페르시아를 통해 물품 교역뿐 아니라 사상과 문화 교류도 촉진되었다. 플라톤이나 아리스토텔레스 같은 고대 그리스 철학과 사상이 페르시아에서 발전했고, 정작 유럽은 그리스 고전을 잊고 있었지만 페르시아에 그리스 철학이 남아 있던 덕분에 유럽의 르네상

스기에 큰 영향을 끼칠 수 있었다. 전 세계 사람들이 아직도 재미있게 읽는 설화집 『아라비안나이트』도 동서 교역로 페르시아에서 탄생했다. 『아라비안나이트』는 페르시아, 중국, 인도, 이집트의 옛 이야기가 한데 어우러진 신비하고 이국적인 이야기이다.

이 교역의 중심지는 콘스탄티노플이었는데, 콘스탄티노플은 이슬람 문화권뿐만 아니라 유럽에서도 항상 탐내는 도시였다. 기독교가 지배한 10세기 유럽은 이교도로부터 이베리아 반도와 예루살렘을 되찾겠다는 명분으로 십자군을 일으켰다. 7번에 걸친 침략은 결론적으로 유럽의 중세를 종식시켰는데, 이 십자군 전쟁도 지중해를 중심으로 한 바닷길을 통해 이루어졌다. 거의 400년 가까이 계속된 십자군 전쟁은 결국 서유럽이 졌지만, 이를 통해 서유럽은 발전한 이슬람 세계와 접하면서 상업과 도시가 크게 발전되었다.

중국인 정화의 세계일주

1402년 조선의 이회, 김사형, 이무가 기획하고 제작한 「혼일강리역대국도」 지도는 현존하는 가장 오래된 세계지도이다. 그때까지 문명 세계에서 발견된 바 없는 아메리카 대륙과

오스트레일리아 대륙이 빠져 있지만, 지금으로부터 600여 년 전에 유럽과 아프리카를 아우른 지도를 그렸다는 점에서 놀라운 일이다. 물론 이 지도는 조선인들이 처음 만든 지도는 아니다. 이 지도의 발문을 쓴 권근은 여러 지도를 참조했다고 밝히고 있는데, 중국의 「혼일강리도」, 일본 지도, 그리고 아랍의 지도를 참조했다고 학자들은 말한다. 이 지도들은 현재 전하지 않지만, 그 당시 동북 아시아인들이 다양한 지도

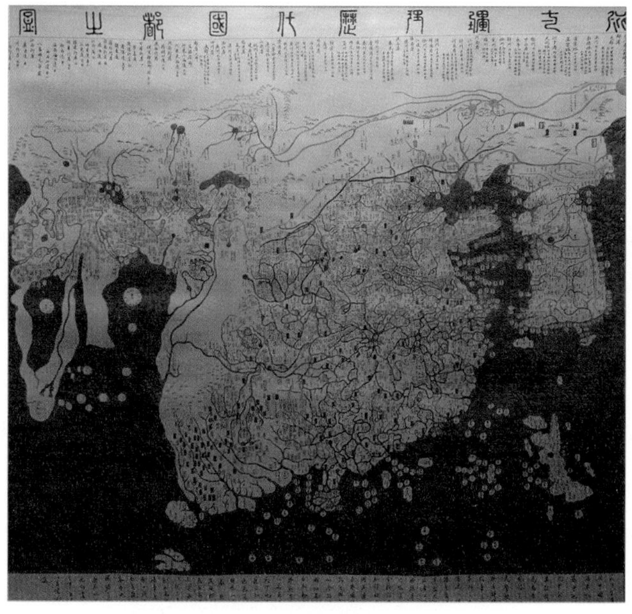

1402년 조선에서 제작한 「혼일강리역대국도」 지도

를 통해 유럽은 물론, 아프리카의 존재까지 정확히 파악하고 있었다는 점을 알 수 있다.

이러한 지리적 정보를 바탕으로 세계에서 가장 먼 거리를 항해한 나라가 바로 중국 명나라이다. 명나라 황제는 정화라는 신하에게 명을 내려 중국 문화를 널리 퍼뜨리기 위한 대함대를 만들었다. 이 대함대에 관한 기록은 현재 거의 남아 있지 않지만 학자들은 정화의 함대가 인도는 물론 멀리 아프리카까지 항해했다고 말한다. 포르투갈과 스페인보다 100년 먼저 대항해시대를 연 것이 바로 정화의 함대인 셈이다.

베이징을 출발한 정화의 함대는 북동 계절풍을 타고 인도를 향해 떠났다. 현재 말레이시아의 말라카에서 중국의 도자기와 사치품을 내려놓고 인도의 직물과 향신료 등을 배에 실었다. 말라카에서 떠난 배는 남서 계절풍을 타고 스리랑카와 인도의 캘리컷(현재의 코지코드)에 도착해 중국 문명의 위대함을 널리 전파했다. 캘리컷은 마르코 폴로와 이븐 바투타 등 역사에 남은 여행가들이 다녀온 곳으로, 중국의 정화 함대도 이곳을 기점으로 페르시아 만과 아프리카를 오갔다.

7번에 걸쳐 단행한 이 원정을 위해 명나라는 거대한 배 3500척을 건조했고 3만 명이 항해에 참여했다. 정화의 원정

이후 정치적 문제로 명나라는 더 이상 바닷길을 이용하지 않았지만, 이때 만든 바닷길은 '도자기의 길'이라 부르며 이후 사람들이 다양하게 이용했다.

바다의 신호등, 등대

등대의 역사

바닷길을 안내하는 방법에는 여러 가지가 있다. 낮에는 눈으로 멀리에서도 볼 수 있도록 구조물을 높게 설치하는 방법이 있고 밤에는 불을 밝히는 방법이 있다. 또한 안개가 끼어 눈으로 식별하기 어려운 경우에는 소리를 내거나 전파를 발사하는 방법도 있다. 최근에는 전자통신 기술의 발전으로 선박에 구비된 전자 해도를 이용해 주변 수심이나 암초와 같은 위험물의 위치를 파악할 수 있게 되었고, 인공위성을 이용한 위치추적 장치(GPS)로 현재의 배 위치를 파악해 안전하게 바닷길을 안내할 수 있게 되었다. 그러나 이러한 첨단 기술은 고장 날 가능성이 있기 때문에 전적으로 여기에만 의존하는 것은 매우 위험하다. 따라서 눈으로 식별하는 전통적 방법도 반드시 같이 이용해야 한다. 그렇다면 바닷길을 안내하기 위해 사람들이 가장 먼저 사용한 방법은 무엇일까?

전기가 없는 옛날에는 밤에 육지가 보이지 않아 바다를 항해하는 일이 무척 위험했다. 나침반도 없는 시절에는 별을 보고 방향을 대략 잡아서 항해를 했는데, 그러다가 육지에 접근하면 수심이 얕아져 바닥에 부딪힐 가능성이 아주 높았다. 따라서 안전하게 육지로 안내할 시설이 필요했고, 이 때문에 육지에 높은 탑을 만들었는데 이를 등대라고 한다.

역사상 최초의 등대는 파로스 등대이다. 알렉산드리아의 파로스 등대라고도 하는 이 등대는 기원전 3세기에 이집트 알렉산드리아 파로스 섬에 세워진 거대한 건축물이다. 이후 기원후 50년 무렵부터 지중해 무역이 활발해지면서 로마제국이 이탈리아 연안 각지에 불탑을 세우고 이를 파로스라고 불렀다는 기록도 있다.

근대의 등대는 17세기부터 나타났다. 등대는 주로 탑 형태의 석조 건축이었으며 장작이나 석탄을 태워 광원으로 사용했다. 매일 밤 등대를 비추기 위해 연간 사용한 석탄이 약

파로스 등대 스케치(출처: 위키피디아)

400톤에 이르렀다고 하며, 등화를 지키기 위해 간수 3명이 교대로 근무했다고 한다. 하지만 단순히 장작이나 석탄을 태우는 방식으로는 먼 바다에서 빛을 보기가 힘들었다. 또한 일정한 세기로 빛을 유지하는 것도 어려워 해난사고가 자주 발생했다.

이를 위해 많은 과학적 발견이 잇달았다. 19세기 조지 스티븐슨(George stephenson)이 식물성 기름을 이용하는 등대용 램프를 고안하여 등대의 가스등 시대를 열었다. 20세기에는 전기가 발명되면서 등대의 광원을 위한 전기 장치가 고안되었는데, 이 전기등은 빛의 세기가 클 뿐 아니라 일정한 광도를 오래 유지할 수 있고 운영이 편리하다는 장점이 있다.

우리나라의 등대

옛날에는 등대의 등불을 밝히기 위해서 기름을 사용했다. 어두워지면 등대를 지키는 등대지기가 등대 꼭대기에 올라가 등불을 밝혔는데, 등불이 꺼지면 안 되므로 밤새워 등대를 지키고 아침이면 등불을 꺼야 했으므로 등대지기의 삶이 매우 힘들고 외로웠다. 우리가 잘 아는 「등대지기」라는 동요에는 이들의 일상이 잘 표현되어 있다. 요즘은 기술이 발전하여 전기를 이용해 자동으로 작동하는 무인 등대가 많아졌지만 옛날에는 등대에 반드시 사람이 붙어 있어야 했다. 등대가 있는 곳은 사람이 거의 살지 않는 섬이나 바닷가 외딴 곳이었기 때문에 사람들은 여기서 일하는 것을 싫어했다. 그래서 보통 한 달 정도 간격으로 근무자를 교대하면서 밤바다를 밝혔는데 이러한 방법은 지금도 계속되고 있다.

우리나라에서 위치상으로 동쪽 끝에 있는 등대는 독도 등대이다. 1954년에 등대지기가 없는 무인 등대로 지었다가 일본이 자기네 땅이라고 억지를 부리는 바람에 그 중요성이 부각되어 1998년에 유인 등대로 바뀌었다. 등대지기 3인이 거주할 수 있는 시설이 있으며, 발전실, 담수설비실 등을 지어 독도가 확실히 대한민국 영토임을 과시했다.

북쪽 끝에 있는 등대는 대진 등대이다. 대진은 지금은 별로 잡히지 않지만 옛날에는 명태의 주산지로 알려진 곳이다. 어민들이 명태를 잡는 데 정신을 팔다 보면 자칫 북한 영해로 넘어가는 사고가 생기는데, 이를 방지하기 위해 동해 북방한계선 부근에 있는 저진도 무인 등대를 원격으로 조종하는 임무도 맡고 있다.

남쪽 끝에 있는 등대는 마라도 등대이다. 제주도 서귀포에서 남쪽으로 10킬로미터 정도 떨어진 곳에 위치해 있다. 1915년에 설치해 운영하다가 1987년에 현재와 같은 모습으로 신축했다.

남서쪽 끝에 있는 등대는 가거도 등대이다. 가거도는 오래전에 가가도라고 부르다가 1896년부터 '가히 살 만한 섬(可居島)'이라는 뜻으로 가거도로 부르게 되었다. 일제 강점기에는 인근의 흑산도보다 작다는 이유로 소흑산도라는 이름이 붙기도 했다. 한편, 흑산도는 실학의 최고봉이라고 할 수 있는 다산 정약용 선생의 형, 정약전 선생께서 천주교 박해로 유

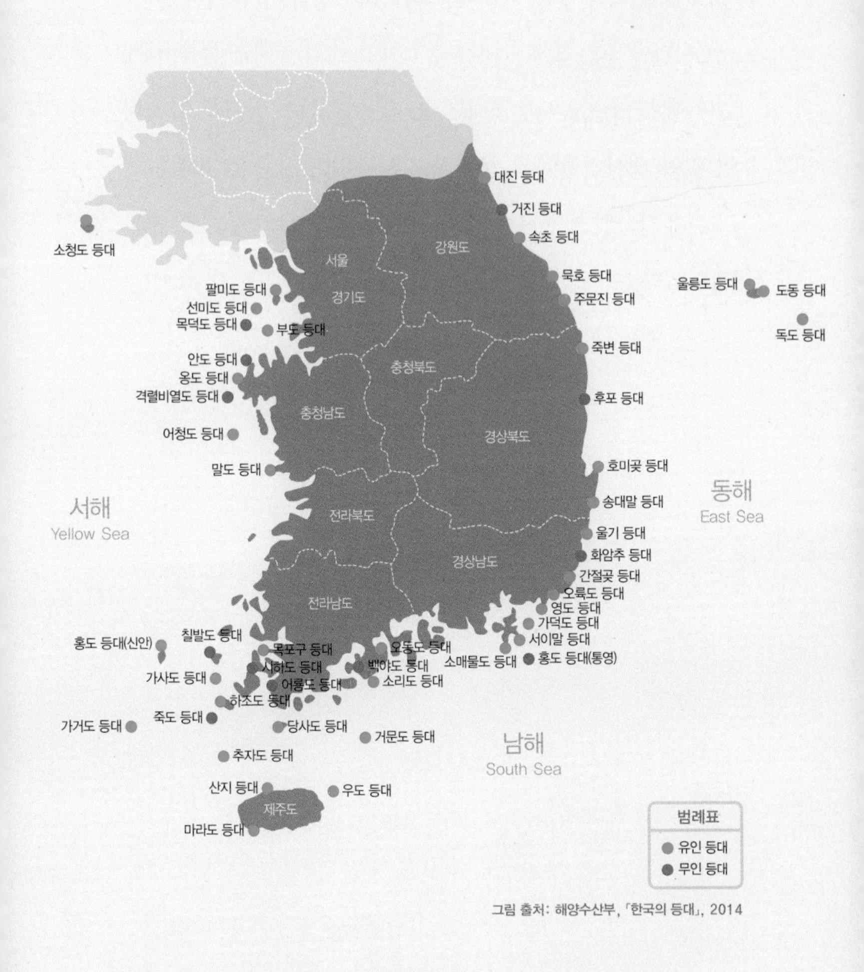

우리나라의 유인 등대와 무인 등대 분포도

배 생활을 한 곳이다.

우리나라에는 현재 등대지기가 있는 유인 등대는 모두 37개 있다(해양수산부, 2014). 등대는 동·서·남해안에 골고루 설치되어 있어 뱃사람들에게 언제 어디서나 바닷길을 안내해준다. 그러나 기술의 발전으로 점차 유인 등대가 무인 등대로 전환되고 있다.

우리나라 최초의 등대, 팔미도 등대

팔미도 등대는 일본의 제국주의 세력이 강제로 건설했다. 일본은 1876년 강화도조약 이후 "한국 정부는 각 항을 수리하고 등대와 초표를 설치한다"고 한 조항을 들어 등대 건설을 강요했다. 이는 침략을 편리하게 하기 위한 시설로, 일본의 대형 철선이 인천으로 들어오려면 바닷길을 안내하는 시설이 필요했기 때문이다.

인천 지역은 조수 간만의 차이가 커서 바닷물이 들어오는 만조에는 수심이 깊어 별 문제가 없지만, 물이 빠져나가는 간조에는 수심이 얕아 배가 다니기에 무척 위험하다. 또한 인천은 한강을 이용해 서울까지 배가 들어올 수 있는 중요한 지역이기 때문에 바닷길의 안전을 확보하는 것이 전국 어느 곳보다도 필요했다. 따라서 바닷길을 안내해주는 등대가 매우 필요했다. 이에 따라 일본은 1902년 일본인 체신기사 이시바시 아야히코의 설계로 팔미도 등대 건설에 착수했다. 1903년 준공된 이 등대에는 전기회전식 6등급 연섬백광 등명기가 설치되었다.

바다의 중앙선, 등표와 입표

등표와 입표

육지에 설치하는 등대 외에 바닷길을 알려주는 시설로는 암초 위에 설치하는 '등표(燈標)'와 '입표(立標)'가 있다. 암초는 앞에서 설명한 것처럼 바닷속에 높이 솟아 있는 바위를 말하는데 수면 위로 올라온 것도 있고 수중에 있는 것도 있다. 어느 것이든 주변으로 배가 지나가면 위험하다. 등표는 불을 밝히는 등명기가 있는 시설을 말하며, 입표는 등이 없는 시설을 가리킨다. 우리나라의 바다에는 등표와 입표가 200여 개 있는데 대부분은 등표이다. 등표는 등을 밝히는 배터리를 교체하거나 먼지를 제거하기 위해 등을 세척하는 일과 같은

암초 위에 세운 등표(왼쪽)와 입표(오른쪽)

관리를 정기적으로 해야 한다. 이에 비하여 입표는 등이 없으므로 그럴 필요가 없어 관리하기가 훨씬 수월하다. 구조물의 크기도 등표는 사람이 꼭대기까지 올라가야 하기 때문에 입표보다 크고 건설 비용이나 관리 비용이 훨씬 많이 든다. 따라서 입표는 밤에 배가 항해하지 않는 곳에 설치한다.

바닷속은 육지와 마찬가지로 높은 곳도 있고 낮은 곳도 있다. 바다가 항상 깊은 곳만 있는 것이 아니기 때문에 얕은 곳을 지날 때는 배가 바다 바닥에 닿을 수도 있다. 이러한 곳은 배의 안전에 매우 위험하니 조심해야 한다. 그러나 아무리 조심해도 바닷속이 보이지 않기 때문에 자칫 충돌할 위험이 있으므로 위험 지역임을 알려줄 필요가 있다. 특히 큰 배는 물속에 잠기는 깊이인 흘수가 커 작은 배보다 훨씬 위험하다. 이러한 이유로 암초 위에 등표 또는 입표를 설치하는 것이다.

물론 암초를 제거하는 방법도 있다. 암초가 크지 않고 등표를 설치하기 어려운 경우에는 암초를 폭파시켜 제거할 수도 있다. 그러나 제거 비용이 더 많이 드는 경우에는 등표를 설치하는 것이 경제적이다. 또한 암초를 제거했다 하더라도 바다 깊이가 충분히 확보되지 않으면 작은 배는 상관없으나 큰 배는 부딪힐 수 있으므로 되도록 피해가는 것이 안전하다.

등표나 입표는 색깔로도 신호를 보낼 수 있다. 전체가 녹색으로 칠해져 있으면 좌현표지라고 하여 왼쪽에 장애물이 있다는 표시이며, 빨간색은 우현표지라고 하여 오른쪽에 장애물이 있다는 의미이다. 또한 방위표지로 검은색과 노란색을 섞어서 장애물의 위치를 표시하기도 한다. 예를 들어 상부와 하부에는 검은색, 중간에는 노란색으로 칠한 등표가 있으면 동방위표시라고 하여 서쪽에 장애물이 있으니 동쪽으로 가라는 의미이다. 이외에도 여러 가지 색깔로 선박이 가야 할 방향을 알려주는 방법이 있는데 복잡해 보이지만 이러한 약속이 있어서 안전한 항해가 보장된다.

등표의 종류

등표는 크게 두 종류로 나눌 수 있다. 하나는 콘크리트 구조물이고 다른 하나는 철제 구조물인데, 이 철제 등표를 재킷(jacket)이라고 한다. 대부분의 등표는 콘크리트로 짓는데 철제 재킷에 비해 설치비가 싸기 때문이다. 재킷 구조물로는 이어도 해양과학기지가 유명하다.

제주도 남서쪽 먼 바다에 이어도라는 전설의 섬이 있다. 실제로는 물속에 있어 섬은 아니고 암초이지만, 옛날부터 어민들은 그 부근에 섬이 있다고 생각했다. 해운항만청(현 해양수산부)에서는 1987년에 선박의 안전을 위해 등부표(다음 장에서 설명)를 설치했다. 한국해양과학기술원에서는 2003년 이어도에 해양과학기지를 설치해 어민들에게 바닷길을 안내하고 인근 바다의 파도나 조류와 같은 해양 정보를 수집하며, 올라오는 태풍의 세기와 방향을 정확히 파악해 태풍 피해에 대비하고 있다. 또한 이어도 해양과학기지는 등표는 아니지만 등표의 역할도 수행하고 있다.

재킷 구조물

보통 콘크리트 등표는 재킷에 비해 기초가 약해 파도가 세지 않고 수심이 얕은 곳에 설치한다. 암초가 있으면 수심이 얕은 것은 당연하지만, 그중에서도 수심이 깊어 파도가 센 곳에는 일반적으로 재킷을 설치한다. 그래서 우리나라의 경우 동해안에는 해안에서 멀리 떨어진 곳에 재킷을 설치하고 나머지 서해안과 남해안의 육지 가까운 쪽에는 콘크리트 등표를 설치한다. 우리나라에 설치된 등표가 대부분 콘크리트 등표로, 여기서는 콘크리트 등표의 설치 방법에 대해 주로 설명하겠지만 재킷 구조물도 설치 방법이 크게 다르지는 않다.

등표의 형상을 보면 크게 두 부분으로 나눌 수 있는데, 하나는 등표를 지지하는 하부 구조물이고 다른 하나는 불을 밝히는 상부 구조물이다. 콘크리트 등표의 경우는 하부 구조물을 우물통이라고 한다. 지금은 보기 어렵지만 옛날에는 동네에 마을 사람들이 공동으로 사용하는 우물이 있었는데 그와 비슷하다고 해서 우물통이라고 부른다. 재킷의 경우는 앞의 그림에서 보는 바와 같이 철제 다리가 하부 구조물이다.

등표는 어떻게 설치할까?

육지에서 건물을 설치하기 위해서는 땅을 파고 콘크리트를 부어 기초를 튼튼히 한 다음 건물을 세운다. 건물이 크면 클수록 땅을 깊이 파고 기초를 튼튼히 해야 건물이 안전하다. 건물이 서 있는 동안 태풍이나 지진이 발생할 수도 있으므로 무너지지 않도록 튼튼하게 지어야 한다.

암초 위에 설치하는 등표도 방법은 이와 다르지 않다. 오히려 육지와는 달리 물속은 보이지 않고 암초가 바위이기 때문에 설치하기는 육지보다 훨씬 어렵다. 등표를 설치하려면 기초 공사로 암초 바닥을 파야 한다. 육지에서처럼 바닥 전부를 파는 것은 아니며 원통 모양의 우물통을 앉히기 위한 홈을 파야 한다. 홈을 파고 나면 여기에 육상에서 미리 제작한 우물통을 바지(barge)선으로 운반하여 크레인을 이용해 설치한 후 철근을 박고 콘크리트를 부어 바위에 단단히 고정시킨다. 이후 등표의 상부 구조물을 설치하면 등표 설치가 끝난다. 이러한 과정을 좀 더 자세히 알아보도록 하자.

❶ 셉(SEP) 바지 설치

등표를 설치하기 위해서는 바다 위에 작업 공간이 있어야 한다. 암초에 홈을 팔 수 있는 장비도 있어야 하고 우물통이나 시멘트, 철근 등을 놓아둘 공간도 필요하다. 홈을 팔 수 있는 장비가 없던 시절에는 잠수부가 드릴을 가지고 들어가서 팠다. 바닷속은 육지처럼 시야가 좋지 않고 파도가 치거나 흐름이 있기 때문에 정확하게 원하는 위치에 원형으로 홈을 파는 작업은 무척 어렵다. 그러다 보니 홈에 우물통을 설치할 때 제대로 들어가지 않아 다시 파는 일도 비일비재했다. 이러한 문제를 해결하기 위해서는 바다 위에서 파도에 흔들리지 않는 위치가 고정된 작업 공간에서 홈을 파야 한다. 바다 위에서 드릴링 장비를 수중에 집어넣고 홈을 파면 잠수부가 하는 것보다 훨씬 쉽게 작업할 수 있다. 이러한 작업을 가능하게 해주는 장비가 셉(Self

Elevating Platform) 바지(barge)이다.

❷ 홈 파기

바지선 위에 크레인을 설치하고 여기에 구멍을 뚫을 수 있는 장비를 매달아 미리 정해놓은 위치에 홈을 판다. 홈은 원형으로 파는데 우물통이 들어갈 수 있을 만큼 충분히 넓게 파야 한다. 바위가 단단하면 홈을 파는 데 시간이 걸리겠지만 홈의 형상이 잘 유지된다는 장점이 있다. 그러나 바위가 무르면 홈 주변 바위가 파손되어 형상을 유지하기 어려운 경우가 있으므로 잠수부가 상태를 점검하면서 홈을 파야 한다. 계획한 대로 홈을 팠는데 주변 바위가 파손되어 홈의 깊이가 충분하지 못하면 우물통을 설치할 수가 없으므로 마지막까지 홈의 깊이를 점검하는 것이 매우 중요하다.

❸ 하부 구조물(우물통)과 상부 구조물 설치하기

크게 홈을 팠으면 그 안에 등표의 하부 구조물인 우물통을 집어넣는다. 우물통은 육상에서 제작하여 배로 싣고 와 크레인으로 설치한다. 홈에 우물통이 정확히 삽입되면 그 안에 콘크리트를 부어서 형태를 고정시킨다. 하부 구조물이 고정되면 그 위에 상부 구조물을 설치한다. 상부 구조물도 하부 구조물과 같은 방법으로 육상에서 제작해 설치한다.

바다에 있는 등표, 어떻게 관리할까?

등표를 설치하는 일도 매우 어렵지만 등표가 제 기능을 발휘할 수 있도록 유지·관리하는 일은 더욱 어렵다. 등표가 제 기능을 발휘하려면 오랜 시간 형상을 유지해야 한다. 콘크리트의 수명이 보통 50년이므로 등표도 그만큼은 제자리를 지키고 있어야 한다. 그러나 바다에 설치한 구조물은 파도와 밀물과 썰물로 발생하는 조류 때문에 항상 풍화작용을 겪는다. 암초 위에 홈을 파고 우물통을 집어넣었기 때문에 연결 부위가 약하기 마련이다. 콘크리트를 부어 단단하게 결합했다고는 하지만 육상에서 작업하는 것과는 달리 물속에서 하는 일이라 육상에서처럼 단단하게 결합될 수는 없다.

만일 육상에서 바위에 구멍을 파고 구조물을 설치했다고 해도 비를 맞고 바람을 맞으며 덥고 추운 날이 반복되다 보면 50년을 견디기가 쉽지 않다. 육상에서도 이러할진대 하물며 바닷속은 이보다 훨씬 더 열악한 환경이므로 파손될 가능성이 매우 높다. 따라서 처음에 설치할 때 완벽하게 만드는 게 매우 중요하지만 바다에서의 작업이라 쉽지는 않다.

일단 설치가 되면 그때부터 파손이 진행된다고 봐야 하므로 등표가 원래의 기능을 다하기 위해서는 끊임없이 관찰하면서 관리해야 한다. 등표가 오래 되면 풍화작용으로 파손되는 것은 당연한 일이므로, 파손의 원인과 정도를 파악하여 적절한 시기에 적절한 방법으로 보수해야 한다.

등표가 파손되는 부위는 수면 아래 하부와 수면 위 상부로 나눌 수 있다. 실질적으로 등표의 안전에 가장 큰 영향을 주는 부위는 하부이다. 암초 속에 박혀 있어야 하는 콘크리트 우물통의 바닥이 드러나면 매우 위험하다. 우물통을 감싼 바위가 파도와 조류의 풍화작용으로 떨어져 나갈 경우 결합하는 힘이 없어서 자그마한 외부 충격에도 등표가 쓰러진다.

등표에 충격을 주는 요인으로는 태풍이나 선박의 충돌 등이 있다. 태풍이 오면 파도가 거세진다. 처음에 설계한 파도보다 더 큰 파도가 등표에 부딪히면 등표는 쓰러질 가능성이 높다. 그런데 기초마저 부실한 상태라면 더욱 쉽게 쓰러진다. 국내에서도 이러한 사고가 자주 발생한다. 안개가 껴서 시야가 좋지 않거나 술을 마시고 운전을 하다가 등표와 부딪히는 사고가 발생하는데, 작은 배는 등표에 부딪혀도 문제가 없지만 큰 배가 부딪히면 등표가 쓰러질 수도 있다.

상부는 등표의 핵심 기능이라고 할 수 있는 등과 축전지가 설치되어 있다. 원래 등표는 사람의 접근이 허용되지 않는다. 그러나 일부 몰지각한 사람들이 배를 타고 와서 등표에 내려 낚시를 하기도 한다. 낚시만 하면 그나마 다행인데 축전지를 랜턴이나 라디오를 켜는 데 사용하는 경우도 가끔 있다. 감시하기가 어려워 속수무책으로 피해를 보는 안타까운 일이 발생한다. 등표의 상부가 파손되면 등표의 안전에는 문제가 없으나 제 기능을 발휘하지 못해 배가 암초에 부딪혀 침몰할 수도 있다.

파손된 등표는 적절하게 유지·보수를 해야 한다. 등표가 쓰러지면 상당히 큰 문제가 발생할 수밖에 없기 때문이다. 우선 암초의 위치를 정확히 알 수 없으므로 배가 암초와 부딪힐 위험이 높아진다. 요즘 웬만한 배에는 배의 위치와 수심을 포함한 바다의 정보를 알려주는 전자 해도가 있어 암초에 부딪히는 일은 줄어들었으나 전자 해도를 갖추지 못한 작은 배는 매우 불안할 수밖에 없다. 따라서 빨리 등표를 설치해야 하지만 정부에서 예산을 확보하고 설계를 하고 공사를 하려면 적어도 6개월 이상은 걸린다. 그리고 바다에 빠진 등표를 건져 내고 그 부수물들을 처리하려면 비용도 많이 들고 환경에도 좋지 않은 영향을 끼친다. 그러므로 외부의 충돌로 등표가 쓰러지기 전에 등표의 상태를 파악해 보수하는 것이 매우 중요하다.

등표의 상태를 파악하기 위해서는 물속에 들어가서 봐야 하는데 이는 매우 위험하고 힘든 일이다. 등표가 제일 많은 서해안의 경우, 물속에 갯벌과 같은 부유물이 많아 시야가 좋지 않고 물살이 빨라 몸을 가누기가 쉽지 않다. 또한 암초에 바위를 깨고 구멍을 뚫는 공사를 했기 때문에 암초 끝이 날카로워 가까이에서 조사하는 것은 위험하다. 이러한 이유로 잠수를 해 직접 조사하기가 어려워 전국에 있는 등표의 기초 상태를 정확히 파악하지 못하고 있다. 하지만 등표 기초의 상태를 정확히 알아야 보수를 언제, 어떻게 할지 계획을 수립할 수 있다.

최근에는 기술이 발달해 등표 기초의 상태를 파악하려고 굳이 잠수를 하지 않아도 된다. 건물도 기초가 부실하면 바람과 같은 외부의 충격에 흔들리고 그러다 보면 기울어진다. 물론 기초가 튼튼해도 흔들리는 현상이 발생하는데 기초가 부실할 경우에는 흔들림이 많아지고 주기가 달라진다. 이러한 진동 특성을 관측하여 분석해보면 등표의 기초가 부실한지 아닌지 판단할 수 있다.

또한 기울어진 정도를 관측하여 기초의 부실 여부를 판단할 수도 있다. 진동 특성을 관측하는 센서는 가속도계라고 하며 기울기를 관측하는 센서는 경사계라고 한다. 물체는 각자 고유한 진동 특성이 있어서 가속도를 재면 그 특성을 파악할 수가 있는데 기초가 부실하면 이 진동 특성이 변하게

[물체의 진동]

모든 물체는 외부에서 힘을 가하면 흔들리는데 이를 진동이라고 한다. 우리가 달리는 버스에 서 있으면 몸이 움직인다. 이때 손잡이를 잡고 있는 경우와 잡지 않고 서 있는 경우를 비교해보면 몸의 움직임이 다른데, 손잡이를 잡고 있는 경우가 진동이 작다. 또한 손잡이를 두 손으로 잡은 경우와 한 손으로 잡은 경우도 다른데, 두 손으로 잡고 있는 경우가 당연히 진동이 작다. 이처럼 물체가 고정된 상태에 따라 진동이 다르다는 것을 쉽게 알 수 있다.

이러한 원리는 사람뿐만 아니라 구조물에도 똑같이 적용된다. 다시 말해 기초의 상태에 따라 진동이 달라진다. 사람의 경우는 본인이 느끼지만 구조물은 느끼지 못하므로 기계로 재야 한다. 구조물을 만들고 나서 가속도계로 진동을 측정하면 구조물의 초기 상태를 알 수 있다. 시간이 지나 구조물의 기초가 부실해지면 진동이 달라진다. 진동이 많이 달라지면 기초가 매우 약해졌다는 뜻이므로 구조물의 기초를 보수해야 한다.

된다. 진동 특성에 미세한 변화가 감지되면 그때 바닷속으로 잠수해 육안으로 기초의 상태를 확인하고 대책을 수립할 수 있다. 그러나 변화가 아주 작은 경우에는 가속도계만으로 기초의 부실 여부를 판단하기 어렵기 때문에 경사계를 사용하여 등표의 기울기를 직접 계측하기도 한다. 경사계는 단순히 기울어진 정도를 재는 센서이므로 가속도계에 비하면 분석하기가 매우 쉬운 편이다.

등표에 전원을 공급하는 방법

등표의 중요한 기능은 불을 밝히는 것으로, 등표는 항상 작동할 수 있도록 관리해야 한다. 전기 공급은 배터리가 담당하는데 이 배터리를 충전하기 위해 태양전지판을 이용한다. 비가 오거나 날씨가 흐리면 태양에너지를 받을 수 없고, 태양전지판에 바닷물의 소금이 끼면 태양에너지를 받아들이기 어려워 충전이 되지 않는다. 이러한 상태가 오래 지속되면 배터리 전원이 모두 소모되어 불을 밝힐 수 없으므로 태양전지판을 항상 깨끗하게 관리하는 것이 중요하다.

등표를 관리하기 위해 접근하려면 배를 타고 가야 하는데 등표를 세워놓은 암초 주변은 수심이 낮아 배로 접근하는 것은 매우 위험하다. 따라서 자주 배를 타고 가기는 어려우며 정기적으로 2~3개월에 한 번 정도로 방문해 태양전지판을 닦아주거나 배터리를 교체해준다.

바다의 표지판, 해상부표

바닷길을 안내하는 중요한 수단 중에 해상부표가 있다. 항해할 때 배는 위험한 장애물의 위치는 물론, 현재 위치를 정확히 파악하고 있어야 한다. 이를 위해 전 세계적으로 바다 위에 현재 위치와 위험물을 표시하기 위한 항로 표지를 세웠다.

1980년대 이전까지 세계 여러 나라는 각국에서 해오던 방식대로 부표를 세웠다. 가령 우리나라는 1907년에 압록강과 목포에 등부표를 설치한 이래 '오른쪽은 붉은색, 왼쪽은 검은색' 부표를 설치했다. 영국은 '오른쪽은 붉은 원통형, 왼쪽은 검은색 원통형'으로 부표를 만들었는데, 이렇게 전 세계가 각기 다른 등부표를 만들어 사용하다 보니 해상 사고가 빈번하

바다 위에 떠 있는 등부표

게 발생할 수밖에 없었다. 이를 막기 위해 1975년부터 세계 각국이 참여하여 등부표 통일 문제를 논의하기 시작했고, 마침내 1982년에 전 세계의 해상부표가 통일되었다. 현재 부표의 형상, 색깔, 등불의 색깔, 설치 장소 등은 국제협약으로 정해져 있다.

등표가 암초 위에 고정된 형태라면 등부표는 물위에 떠 있는 형태이다. 떠 있는 것만 다르지 하는 일은 등표와 같다. 등표와 마찬가지로 녹색, 적색, 노란색과 검은색을 칠하여 같은 의미로 사용한다. 등표의 설치 목적이 암초의 위험을 알리는 것이라면, 등부표는 등표를 설치하기에는 수심이 깊은 곳이나 해상에서 공사를 할 경우 위험하니 접근하지 말라는 의미로 설치한다. 또한 배가 항구로 들어올 때는 항로라고 하여 뱃길이 정해져 있는데, 항로에 들어서면 양쪽에서 길을 안내하는 목적으로도 설치한다. 밤에는 등불이 일정한 간격으로 깜박깜박하는데 이는 마치 비행기가 밤에 활주로에 착륙할 때 좌우로 등이 켜져 있는 모습과 비슷하다.

등부표의 생김새

등부표는 등표와 마찬가지로 낮에는 눈으로 알아볼 수 있도록 높이가 약 6미터 이상이며 색깔로 구분하여 신호를 보낸다. 그리고 밤에는 등을 켜야 하기 때문에 등명기와 태양판이 설치되어 있고 여기에 전원을 공급해주는 축전지가 있다. 물체가 물에 뜨기 위해서는 기름처럼 물보다 비중을 작게 하거나 쇠처럼 비중이 물보다 크면 부피를 크게 해야 한다.

비중

물체의 무게를 부피로 나눈 값을 밀도라고 하며 단위는 kg/m^3이다. 물의 밀도는 $1000kg/m^3$이다. 즉 길이 $1m^3$의 정육면체에 물이 가득 담겨 있으면 1000kg이다.

모든 물체의 밀도를 물의 밀도로 나눈 값을 비중(比重, specific weight)이라고 한다. 상대적인 무게라는 뜻인데, 단위가 없어지고 숫자만 남는다. 비중이 1보다 크면 가라앉고 1보다 작으면 뜨게 된다.

비중을 나타내기 위하여 물을 사용하는 이유는 지구상의 70퍼센트가 바닷물로 덮여 있기 때문이다. 그러나 실제로 바닷물의 밀도는 대략 $1021\sim1028kg/m^3$로 순수한 물보다 조금 더 무겁다.

따라서 쇠로 만든 등부표가 뜨려면 등부표를 공처럼 만들어서 부피를 크게 해야 한다. 이를 부력통이라고 하는데 축전지는 이 안에 설치한다. 부력통은 뚜껑만 닫으면 방수가 되므로 축전지를 안전하게 보호할 수 있다.

등부표를 유지하고 관리하는 법

등부표도 등표와 마찬가지로 구조물을 유지하고 밤에는 등을 밝히기 위해 세심하게 유지·관리해야 한다. 등표의 안전을 위협하는 가장 큰 문제가 기초의 파손이라는 점은 앞에서도 이야기했다. 등부표는 선박과 부딪힐 때 파손되기도 하는데, 이 때문에 파손된 부분이 침몰하거나 체인의 절단으로 표류할 수도 있다. 이외에도 등불이 언제든지 켜질 수 있도록 배터리와 전등을 관리해야 한다. 이를 위해서는 수시로 현장에 나가 점검해야 하지만 현실적으로 불가능하다. 왜냐하면 배를 타고 현장에 나가서 눈으로 확인해야 하는데, 등부표가 한두 개도 아닐뿐더러 육지에서 멀리 떨어져 있어 관리 비용이 너무 많이 들고 관리할 수 있는 사람을 확보하기도 어렵기 때문이다. 그러나 사고가 발생하여 등부표가 파손되거나 전등이 켜지지 않으면 선박이 충돌하거나 엉뚱한 방

타이태닉호와 코스타 콩코르디아호

영국을 출발하여 미국으로 향하던 호화 유람선 타이태닉호가 대서양에서 빙산과 충돌해 침몰하는 사고가 1912년에 있었다. 일등실 요금이 현재 가치로 5000만 원 정도 했다고 하니 이 배가 얼마나 호화스러웠는지 짐작할 수 있다.

이 사고로 배에 타고 있던 사람 2200여 명 중 1500여 명이 사망했다. 사고는 밤에 발생했는데 그 때문에 어두워서 빙산을 미리 발견하지 못했고, 발견 후에는 급제동을 했으나 충돌을 피하지 못했다. 유람선이 다니는 항로 주위에 바다의 신호등 등부표를 설치해 빙산과 같은 위험물을 알렸다면 충돌을 막을 수도 있었다. 그러나 당시에는 현재와 같은 등부표가 없었기 때문에 사고를 막기 어려웠다.

우연의 일치인지는 몰라도 그로부터 꼭 100년 후인 2012년, 호화 유람선 코스타 콩코르디아호가 이탈리아 서부 해안에서 암초와 충돌해 30여 명이 사망했다. 이 사고는 섬이 많아 수심이 얕은 해역을 지나던 유람선이 항로를 벗어나면서 발생했다. 왜 항로를 이탈했는지 알 수 없으나 신호를 지키지 않으면 대형 사고가 발생한다는 교훈을 남겼다. 전복되어 옆으로 누운 유람선을 수리하기 위해 일으켜 세우는 데만 우리 돈으로 1조 원이 들었다는 소문이다. 초호화 유람선은 워낙 배가 커서 특수한 장비를 사용해야만 세울 수 있다.

향으로 가는 대형 사고가 발생할 수 있으므로 항상 관리를 해야 한다.

현재는 관리 전담 선박이 한 달에 한 번 정도 현장을 돌아다니면서 이상 유무를 확인하고 있지만, 그 사이에 등부표가 파손되더라도 알 수가 없는 실정이다. 이러한 방식으로 관리한다면 근본적으로 문제를 해결할 수 없으므로 새로운 방식이 나와야 한다. 과연 어떠한 방법이 있을까?

모두 알다시피 우리나라는 IT 기술의 발달로 전 세계에서 인터넷이 가장 많이 보급되어 있다. 또한 휴대폰 보급률도 매우 높아, 이러한 기술을 등부표 관리에 적용한다면 문제를 해결할 수 있다.

선박이 등부표와 충돌하게 되면 등부표가 순간적으로 크게 움직인다. 이를 물리적으로 표현하면 가속도가 증가한다는 뜻이다. 가속도는 앞에서 설명한 것처럼 시간에 대한 속도의 변화이므로 시간이 짧거나 속도의 변화가 크면 커진다. 등부표는 파도에 따라 움직이기 때문에 이때도 가속도가 생긴다. 그러나 이때는 속도의 변화나 시간이 선박의 충돌로 생긴 경우와는 매우 다르다. 파도는 대개 주기가 5초에서 10초 정도이고, 속도 변화는 파도 높이인 파고에 따라 다르겠지만 느리게 움직이는 편이다. 그러나 선박과 충돌하여 움직이면 시간은 1초도 안 걸리는 짧은 순간이고 움직임은 매우 크다. 따라서 이러한 원리를 이해하면 등부표의 움직임이 선박의 충돌 때문인지, 파도 때문인지 가속도계를 설치해 측정해보면 알 수 있다.

가속도를 측정하는 가장 큰 이유는 선박의 충돌로 등부표가 파손되었을 경우 해당 선박을 잡아 손해배상을 청구할 수 있기 때문이다. 이를 위해서는 선박이 충돌하면 최소한 어느 정도의 가속도가 발생하는지를 미리 알아서 이를 프로그램에 입력하고 이 값을 넘는 경우 즉시 관리자에게 무선으로 송신하여 경보할 수가 있다. 경보는 개인 휴대폰으로 보낼 수 있으며 경보를 받은 관리자는 그 시간에 등부표가 위치한 지역을 지나가는 선박을 파악하여 잡을 수가 있다.

선박과 부딪혀 일어나는 사고 중 하나는 등부표의 표류이다. 등부표를 바다에 고정시키기 위해 체인을 등부표에 연결하고 바닥에 무거운 추를 달아서 가라앉히는 방법이 있는데 이때 체인이 충돌에 따른 충격이나 부식으로 끊어질 수가 있다. 체인이 끊어지면 등부표는 제자리를 이탈해 해류에 흘러가는데 이를 표류라고 한다.

뺑소니 배를 잡아주는 가속도계

정지한 등부표에 선박이 충돌하면 움직이게 된다. 이는 다른 말로 속도가 증가하여 변화가 일어났으며 가속도가 생겼다는 말이다. 가속도는 시간에 대한 속도의 변화를 의미한다. 예를 들어 10m/s(1초에 10미터를 가는 속도, s는 second의 약자로 초를 의미한다)의 속도로 달리는 자동차가 5초 후에 20m/s로 달리면 가속도는 (20-10)/5=2m/s^2가 된다. 이때 걸리는 시간은 측정해봐야 정확히 알겠지만 대략 1초 미만의 짧은 순간일 것이다. 실제로 등부표에 100톤급 선박을 충돌

시켜 가속도를 측정하는 실험을 했는데, 측정값이 0.2g(중력가속도의 0.2배, g는 중력가속도로 지구의 중력가속도는 9.8m/s^2이다)였다. 물론 등부표가 파손될 정도로 세게 부딪히지는 못했기 때문에 실제로 사고가 난다면 관측 값은 이보다 훨씬 클 것이다.

한편, 파도로 생기는 가속도는 파도의 주기나 파고에 따라 다르겠지만 평균 0.02g 정도로 관측된다. 대략 항내에서는 주기가 5초 정도이고 파고는 1미터 정도라고 할 수 있다.

등부표가 표류하여 먼 바다로 나가버리면 찾기가 매우 힘들다. 물론 비행기를 동원하고 배도 여러 척 동원해 찾는다면 가능할 수도 있겠지만 비용이 많이 들어 할 수가 없다. 또한 드넓은 바다에 이렇게 비행기와 배를 동원하더라도 못 찾을 가능성이 매우 높다. 가끔 뉴스에 나오는 사고를 보면 사람이 바다에 빠지거나 배가 표류해 구조를 위한 수색에 나서지만 실패하는 경우도 많다. 따라서 등부표가 제 위치에서 너무 멀리 사라지기 전에 찾는 것이 매우 중요한데 이를 위해서는 등부표가 일정한 범위를 벗어나면 관리자에게 알려주는 시스템이 필요하다.

이는 등부표에 GPS(Global Positioning System)를 부착하면 된다. GPS는 잘 알다시피 인공위성으로 위치를 파악하는 위성항법 장비로, 우리가 일상생활에 가장 널리 이용하는 자동차의 길 안내용 내비게이션(navigation)이 대표적인 GPS이다.

등부표의 전원 공급 방법

등부표를 관리하기 위해서는 전등이 밤에 제대로 켜지는지, 배터리는 충분히 충전되어 있는지 알아야 한다. 이것도 센서를 설치해 파악할 수 있는데, 전등이 켜지면 배터리에서 전류가 흘러야 하므로 밤에 전류가 흐르는지 자동으로 검사해 관리자에게 보고하고, 배터리의 전압도 측정해 휴대폰으로 보고하면 언제든지 상태를 파악하여 관리할 수 있다.

이처럼 가속도계, GPS, 전류 센서 등을 등부표에 설치하고 이상이 생기면 무선 통신 기술을 이용해 관리자에게 송신할 수 있는 기술의 발달로 등부표의 관리는 한결 편리해질 수 있으며, 일일이 현장에 가서 눈으로 확인해야 하는 번거로움에서 해방될 수 있다.

그러나 모든 일이 다 그렇듯이 전적으로 기계에만 의존해서는 곤란하다. 우리의 경험에 따르면 기계는 사람이 만든 것이라 고장 날 수 있으므로 눈으로 직접 확인해야 한다. 등부표와 같은 해상교통 안전시설은 하루라도 고장이 나서 작동하지 않게 되면 대형 사고를 일으킬 수 있다. 따라서 자동으로 검사하는 장비와 함께 사람이 현장에 나가 직접 검사하는 방법을 겸해야 한다.

새로운 전원 공급 방법

등표나 등부표에 공급하는 전원은 배터리이다. 이 배터리는 태양열을 이용하여 태양판에서 전기를 만들어 공급하는

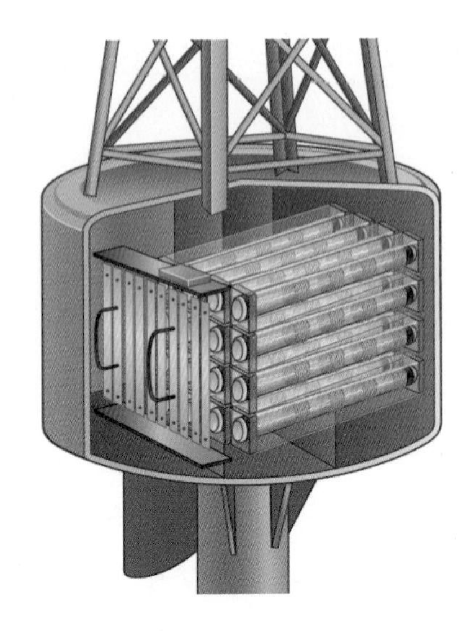

등부표 안에 설치된 파랑 발전 장치

방식으로 충전한다. 따라서 날씨가 나빠 장기간 태양을 볼 수 없는 여름 장마철이나 일조량이 부족한 겨울에는 배터리가 제대로 충전되지 않는 문제가 발생한다. 이때에는 배터리를 새로 교체해주어야 한다.

등표는 배터리가 파도에 닿지 않게 설치 장소가 상부에 있어 무게가 10킬로그램이 넘는 배터리를 들고 올라가서 교체해주어야 한다. 등부표의 경우는 부력통 안에 배터리가 있으므로 뚜껑(해치)을 열고 교체하는데, 이때 가끔 뚜껑이 내부

압력으로 폭발하는 경우가 있다. 부력통은 밀폐된 공간이므로 등부표가 움직임에 따라 배터리 내부의 가스가 유출되어 부력통 안의 압력이 높아지고, 오랫동안 교체하지 않으면 폭발하는 사고가 발생하기도 한다. 또한 등부표는 파도에 항상 흔들리기 때문에 파도가 잔잔할 때 교체하는 게 좋지만 그런 날을 맞추기는 무척 어렵다.

무거운 배터리를 들고 등부표에 올라타서 교체하는 작업은 매우 위험하고 힘든 일이다. 그 때문에 작업자가 허리를 다치거나 부상을 당하는 일이 발생하기도 한다. 따라서 이러한 문제점을 해결하려면 새로운 전원 공급 방법을 개발해야 한다. 어떤 방법이 있을까?

파도에 따라 등부표가 움직이는 현상을 이용하여 발전을 하는 방법이 연구 중에 있다. 간단한 과학 원리인데, 원통 주변에 코일을 감고 안에 자석을 설치하여 원통을 기울이면 자석이 움직이면서 코일에 전기가 발생한다. 이를 '솔레노이드'라고 한다. 이러한 원통형 솔레노이드를 부력통 안에 설치하면 파도가 칠 때 등부표가 움직이면서 자석이 동시에 움직여 전기가 발생한다. 발생한 전기는 축전지에 저장되어 필요할 때 사용하면 된다. 이 방법은 비가 오거나 흐려서 태양발전을 할 수 없더라도 전기를 만들 수 있다는 장점이 있다. 이 연구는 현재 진행 중이다. 더 좋은 기술이 개발되어 날씨에 관계없이 등부표에 전원을 안정적으로 공급할 수 있고 배터리 교체를 위해 위험한 작업을 하지 않아도 되는 날이 오기를 기대한다.

전자 통신으로 바닷길을 안내하는 전파 표지

전자 통신 기술의 발달은 인류의 생활을 바꾸어 놓았다. 집이나 사무실에서 쓰는 전화기가 이제는 전 국민이 휴대하면서 사용하는 개인 휴대전화로 발전했다. 또한 지구 주위를 도는 수많은 인공위성으로 지구에서 일어나는 모든 일을 감시할 수 있다. 인공위성은 처음에는 적국의 상황을 파악하기 위한 군사용으로 개발되었으나 현재는 앞에서 언급한 것처럼 GPS라는 기능을 이용하여 자동차 위치까지도 파악하여 운전자가 목적지까지 정확하게 갈 수 있도록 길을 안내한다.

자동차의 내비게이션에는 전국의 도로와 감시 카메라 위치, 사고 다발 지역, 과속 방지턱 위치 등이 표시되어 있어 안전운전을 돕는다. 선박에도 이와 마찬가지로 선장이 있는 조종실에는 전자 해도가 있다. 예전에는 종이로 만든 지도에 등대와 등표 및 등부표의 위치가 표시되어 있는 해도를 사용하였으나 요즘은 전자 통신 기술이 발달해 종이 지도를 모니터에 옮겨 놓은 전자 해도를 사용한다. 인공위성을 통해 배의 위치가 자동으로 전자 해도에 표시되므로 해상에서도 육상의 내비게이션처럼 운전이 가능하다.

전자 통신 기술이 발전하면서 항해에도 이 기술이 적용되었다. 지금은 GPS의 정확도가 높아져 사용량이 눈에 띄게 줄어들었지만 과거에 유용하게 사용했던 기술을 소개하고자 한다.

쌍곡선 항법 장치 로란-C

로란(LORAN)은 '장거리 전파 항법(LOng RAnge Navigation)'이라는 의미의 영문자를 줄인 말이다. 로란은 제2차 세계대전 중 미국이 개발한 중단파 로란–A를 시초로 사용하다가 1958년에 이르러 더욱 정밀한 위치 측정이 가능한 로란–C 시스템으로 운영하면서 오늘날에 이르렀다. 로란–C는 하나의 주국(主局)과 두 개 이상의 종국(從局)이 서로 같은 신호를

90~110킬로헤르츠(kHz)의 장파대역으로 송신하여 선박과 같은 이동 수신국에서 이 신호를 수신하고, 주국과 종국 간 신호 도달 시간차를 측정하여 선박의 위치를 계산하는 방법이다. 한국에서는 포항에 주국이 있으며 종국은 전라도 광주와 한반도 주변의 일본, 러시아에 있다.

GPS의 보급이 보편화된 요즘에는 사용하는 선박이 많이 줄어들어 명맥만 유지하고 있다. 전자 통신 기술의 발전이 너무나 빨라서 어제까지 각광받던 기술이 하루아침에 신제품 출시로 무용지물이 되기도 한다. 이러한 현상은 우리가 사용하는 휴대전화의 발전 속도를 생각해 보면 쉽게 알 수 있다.

차등 GPS

GPS는 미국이 운용하는 위성 항법 시스템으로 수신기만 있으면 위치와 속도, 시간을 제공하는데, 군사용으로 사용하던 것을 정확도를 낮추어서 민간에 개방한 것이다. 정확도는 위성의 수신 상태에 따라 다르지만 대체로 10미터 이상이다. 이 정도의 정확도만 해도 대양을 항해하는 데는 문제가 없으나 암초가 있고 교량과 같은 구조물이 있는 육지 부근을 항해할 때는 문제가 될 수 있다. 그래서 정확도를 높이기 위해 육지에 기지국을 세워 GPS의 오차를 수 센티미터 이내로 줄이는 방법을 사용하는데 이를 '차등 GPS' 또는 'DGPS(Differential GPS)'라고 한다.

오차를 줄이는 원리는 간단하다. 공간상 한 점의 좌표(x, y, z)를 알고 있는 기지국에서 GPS 자료를 받으면 좌표의 위치가 다를 텐데 그 차이만큼을 보정하여 GPS 수신기에 보내면 오차가 줄어든다. 이 오차는 하나의 기지국보다는 복수의 기지국에서 자료를 받을수록 줄어든다. 우리나라에는 여러 곳에 위성 항법 보정기준(DGPS)국이 있는데 팔미도, 어청도, 마라도, 울릉도, 주문진 등에 설치해 한반도 주변의 선박 항해를 안전하게 돕고 있다.

로란-C나 DGPS는 사용하기 위해서는 각각 별도의 수신기를 구매해야 하므로 GPS에 비하여 경쟁력이 떨어진다. 그렇다고 해서 GPS 하나에만 의지하여 전자 해도를 보고 항해한다는 것은 매우 불안한 일이다. 혹시라도 인공위성에 문제가 생기면 항해가 위험해지므로 다른 대안을 가지고 있을 필요가 있다. 이런 차원에서 이러한 시설을 운영하고 있으나 전자 통신 기술의 발달은 미래에 어떤 기술을 제공할지 아무도 모른다. 현재 널리 쓰이는 GPS마저도 쓸모없이 만들어 버릴 수 있는 기술이 나오지 말라는 법은 없으니 말이다.

더 안전한 미래의 바닷길

미래의 바닷길은 어떤 모습으로 배를 안내를 할까? 누구도 정확히 알 수는 없지만 선박 사고가 일어나지 않고 이로 인해 사람이 다치거나 환경이 파괴되지 않는 방향이어야 한다. 이를 실현하기 위해 현재보다 바닷길이 더 자동화되고 기계화될 것이라는 점은 쉽게 예상할 수 있다. 자동차의 경우 운전자 없이 무인으로 움직이는 기술이 현재 개발 중에 있다. 자동차 선진국에서는 이미 오래전부터 실제 도로에서 무인 자동차를 운행하고 있는데 우리나라도 이미 시작한 것으로 알려졌다.

무인 운전 외에도 GPS 기술을 발전시켜 교통사고를 줄이는 노력은 계속하고 있다. 운전자들은 운전 중에 다른 생각을 하거나 전화를 받거나 졸음에 빠져 사고를 일으키기도 한다. 운전자들의 집중력이 떨어지면 앞차와의 거리가 급격히 좁아지는데 이 때문에 앞차와 충돌하거나 장애물에 부딪힐 수 있다. 이때 GPS가 차 간격을 관찰하고 있다면 어떨까? 앞뒤 자동차의 간격이 위험할 정도로 좁아지면 GPS와 연결된 자동차가 자동으로 속도를 줄이거나 정지할 수도 있다. 졸음이나 부상 등으로 운전자가 운전하지 못하는 상황이라도 차가 자동으로 간격을 유지하기 때문에 위험한 상황을 피할 수도 있다. 또한 신호등을 인식해 출발과 정지를 자동으로 할 수도 있다. 앞차와의 간격을 파악하여 차선을 바꾸기도 하고 좌회전이나 유턴을 할 수도 있다. 주변의 차를 인식하여 자동차와 자동차 사이에 정확하게 주차할 수도 있다. 무인 운전이 가능해지면 음주운전이나 졸음운전이 사라져서 이로 인한 사고가 생기지 않을 것이다.

그러나 이러한 기술이 실현되려면 GPS가 현재보다 더욱 정밀해져야 한다. 현재처럼 미터 단위는 곤란하고 DGPS 수준인 수 센티미터 정도로 정밀해져야만 내 차가 차선을 지키고 운전할 수 있다. 만일 이 기술이 진짜 우리가 타는 자동차에 적용될 수 있다면 바다에서도 같은 일이 실현될 것이다.

이러한 기술에 따라 모든 선박에 암초의 위치를 정확히 알려줄 수 있고 수심과 물의 흐름도 알려줄 수 있다. 같은 암초라도 큰 배는 부딪히지만 작은 배는 부딪히지 않을 수 있다. 이것은 흘수가 다르기 때문인데 각 선박에 맞춘 GPS 시스템이 가동되면 위험하지 않은 장애물은 표시하지 않고, 위험이 가까워지면 피해가도록 신호를 주거나 스스로 제어할 수 있다. 특히 안개가 끼어 앞이 보이지 않을 때도 선박끼리 거리가 가까워지면 속도를 줄이고 주변에 암초가 있으면 피해갈 수 있다. 그렇게 되면 기름을 잔뜩 실은 유조선이 암초에 부딪히거나 다른 선박과 부딪혀 바다에 기름이 유출되는 사고는 일어나지 않는다. 바다에 기름이 유출되면 환경 피해가 얼마나 심각한지 우리는 경험으로 잘 알고 있다. 그러면 과연 배를 무인으로 조종하면 전혀 사고가 나지 않을까? 인간의 기술이 그렇게 완벽할 수 있겠는가? 쉽게 대답하기 어려운 질문이다.

바닷길을 안내해주는 등표나 등부표가 선박과 교신하거나 선박끼리 상호 교신하는 방법은 현재도 사용 중이다. AIS(Automatiic Identification System)라는 자동 인식 장치인데 서로의 위치를 알려주는 이 장치는 비싸기 때문에 중요 시설물이나 대형 선박에만 사용한다. 이러한 장치가 값싸게 공급될 수 있다면 충돌 사고가 많이 감소할 것이다. 여기에 선박들이 서로 너무 가까이 접근하면 경보를 발령하는 기능을 추가한다면 더욱 안전할 것이다.

배는 자동차보다 제동 거리가 길기 때문에 육지에서보다 훨씬 더 멀리서부터 운동을 멈추어야 한다. 그래서 선박의 접근 속도에 따라서 경보 발령 시점을 정해 운영하는 것이 필요하다.

사람 사이에도 의사소통이 잘 이루어지면 싸움이 없는 것처럼, 선박끼리도 의사소통이 잘 이루어지면 충돌 사고가 없다. 이러한 개념은 요즘 각광받고 있는 사물 인터넷(IoT, Internet of Things)이라는 기술과 관련이 있다. 사물 인터넷은 한마디로 사물끼리 스스로 의사소통을 한다. 예를 들어 냉장고를 인터넷과 연결시켜 냉장고 안 음식이 부족하면 스스로 주문을 한다든지 음식 상태를 파악하여 유통기한이 다가오면 주인의 스마트폰으로 알려줄 수 있다. 이러한 사물 인터넷 기술이 발달하여 우리가 자동차를 운전하듯 누구나 쉽게 접근할 수 있다면 바다의 안전사고도 대폭 감소할 것이다.

선박끼리 또는 선박과 항로 표지 구조물끼리 사물 인터넷으로 연결하면 인간이 통제하지 않아도 스스로 소통하여 사고를 줄일 수 있다.

바닷길을 안내하는 신호등 같은 역할을 하는 구조물로 등표와 등부표가 있다는 것은 앞에서 언급했다. 또한 이러한 구조물이 태풍에 무너지고 선박과 충돌하여 부서지는 사고가 발생한다는 것도 알고 있다. 바닷길의 안전은 이러한 신호등이 있을 때 보장된다. 따라서 태풍이 몰아쳐도 선박에 부딪혀도 부서지지 않는 구조물을 개발하는 것은 매우 중요하다. 물론 현재 기술로도 돈을 많이 투자하면 제작이 가능하다. 그렇지만 적은 예산으로 만들 수 있어야 하므로 기술개발이 필요하다. 태풍의 힘을 이길 수 있는 등표는 어떤 모습일까? 대형 선박에 부딪혀도 전혀 손상 없이 오뚝이처럼 일어날 수 있는 등부표는 어떤 모습일까? 미래의 신호등에 대한 끊임없는 연구가 필요하다.

바닷길을 위험하게 만드는 가장 큰 요소 중 하나는 자연환경이다. 태풍, 높은 파도, 빠른 유속, 바람, 안개, 움직이는 빙산 등 이러한 자연환경을 인간이 마음대로 조종할 수 있을까? 현재의 기술로는 제어할 수 없고 단지 피하는 수밖에 없다. 인간이 배를 타고 바다를 항해하기 시작한 이래로 자연 환경은 끊임없이 인간을 곤경에 빠뜨렸다. 달나라에는 인간이 갔지만 깊은 바닷속은 아직도 가보지 못했다. 다시 말해 바다를 잘 알지 못하기 때문에 제어할 수가 없다. 그러나 언젠가는 극복할 것이다. 지금처럼 꾸준히 연구하고 기술을 개발한다면 말이다.

미래에는 인간이 바다를 더욱더 많이 이용할 것이다. 지금의 기술로는 어렵겠지만 바닷속에서 살 수도 있고 길을 만들어 다닐 수도 있을 것이다. 목포와 제주 사이를 해중터널로 연결하여 기차와 자동차가 다닐 수 있도록 하는 연구가 현재 진행 중이다. 이러한 기술이 개발되면 일본과 중국도 해중터널로 갈 수 있다.

현재의 항로 표지는 암초의 위치나 항로를 표시하기 위한 것이다. 그러나 미래에는 해중터널의 위치나 주거지역의 위치를 표시하기 위한 시설이 생길 것으로 예상한다. 높은 빌딩에 비행기를 위한 표식이 설치되어 불빛을 깜박이는 것처럼 바다 위에도 바닷속 도시나 해중터널에 충돌하는 것을 막기 위한 표지 시설이 만들어질 것이다. 그곳에서는 배가 정박하기 위해 닻을 내릴 수 없고 대형 선박이 침몰하여 충돌해도 안 되므로 과학자들은 그에 걸맞은 표지를 고안해야 한다.

바다 위뿐만 아니라 바닷속에서도 표식이 필요하다. 왜냐하면 잠수함이 바닷속 건설물에 충돌할 수도 있기 때문이다. 그러나 물속에서는 물 밖에서보다 눈으로 사물을 확인하기가 쉽지 않기 때문에 등표나 등부표와 같이 색깔이나 등불로 신호를 보내기가 어렵다. 게다가 전파도 물속에서는 잘 작동하지 않는다. 그러므로 새로운 형태의 항로 표지 방식이 개발되어야 미래의 바닷속 세상을 안전하게 지킬 수 있다. 이것은 미래의 과학자들이 해내야 하는 과제이다.

■ 참고문헌

전국역사교사모임, 2005, 『살아있는 세계사 교과서』, 휴머니스트

제러드 다이아몬드, 강주헌 역, 2005, 『문명의 붕괴』, 김영사

한국교원대학교 역사교육과, 2004, 『아틀라스 한국사』, 사계절

한국해양과학기술원, 2013, 『해양실크로드 심포지엄 자료집』

해양수산부, 2004, 『대한민국 등대 100년사』, 해양수산부

해양수산부, 2013, 『한국의 등대』, 해양수산부